蛙类大世界

彭霄鹏 著

U0172662

首都师范大学出版社

CAPITAL NORMAL UNIVERSITY PRESS

图书在版编目（CIP）数据

蛙类大世界 / 彭霄鹏著 . —北京：首都师范大学出版社，2023.9

ISBN 978-7-5656-7624-6

Ⅰ . ①蛙… Ⅱ . ①彭… Ⅲ . ①蛙科－普及读物 Ⅳ . ① Q959.5-49

中国国家版本馆 CIP 数据核字（2023）第 119961 号

WALEI DA SHIJIE

蛙类大世界

彭霄鹏 著

责任编辑 孙 琳

首都师范大学出版社出版发行

地 址 北京西三环北路 105 号

邮 编 100048

电 话 68418523（总编室） 68982468（发行部）

网 址 http://cnupn.cnu.edu.cn

印 刷 北京印刷集团有限责任公司

经 销 全国新华书店

版 次 2023 年 9 月第 1 版

印 次 2023 年 9 月第 1 次印刷

开 本 710mm×1000mm 1/16

印 张 10.75

字 数 111 千

定 价 65.00 元

PREFACE

序

蛙是大自然中最奇妙、最丰富、最常见的物种之一。为了生存和繁衍，千百万年以来，这些古老的物种已分化出 7000 多种，广泛分布在世界的各个角落，演化出多样的生存手段、奇特的生活习性、形态各异的外形。

蛙与人的关系十分密切，它们在自然界中，在维护生态平衡，保障农林牧渔业丰产等方面发挥着重要作用，同时对实现人类经济、社会、文化和医学卫生等的可持续发展也具有十分重要的意义。

蛙类贸易问题早就受到国际社会的关注，20 世纪 70 年代中期，国际上缔结了《濒危野生动植物种国际贸易公约》，该公约根据资源和利用状况，已将多种蛙类列入附录。许多国家已采取措施，如制定并健全法律法规、开展宣传教育等，来加强对蛙类的保护。

我国自然环境复杂多样，生物多样性极为丰富，是拥有蛙类资源较为丰富的国家之一。我国政府十分重视对蛙类的保护和贸易管理，多年来，我国已建立了一大批自然保护区，其中有多个是专门保护蛙类的。同时，相关部门颁布了多项政策，对蛙类资源保护管理工作起到重要作用。

《蛙类大世界》是一本图文并茂、通俗易懂的科普图书，主要介绍了 60 余种有趣且极具代表性的蛙类，从地栖、树栖、水栖及穴居习性等不同角度展现蛙的多种形态特征及生存策略，向人们描绘出独特的两栖动物的奇妙之处。

彭霄鹏博士是中国林业科学研究院林业研究所的一位青年科研人员，一直从事分子生物学和林木材性遗传改良研究，同时，他十分热爱林业动植物科普工作，并积极推动生物多样性调查、监测及保护，多次参加了院校科普讲座和其他公众科普活动，通过发表林业动植物科普文章及利用网络公众号进行科普宣传，传播动物学、植物学、生态学知识。近年来，他在《百科知识》《中国林业》《森林与人类》《生命世界》《化石》《科普时报》等科普类期刊累计发表科普文章 50 余篇。近两年，他与业内同行专家还发现并命名两栖爬行动物新种 2 种，相关工作还获得北京林学会林业科学普及创新奖等多个科普奖项。

《蛙类大世界》中的部分作品自 2020 年 7 月起至今曾入选海南热带野生动植物园微信公众号科普栏目，同时多部原创作品被收录到热门网络公众号"rlyl 的自然世界"中"小彭自然科普"专栏板块，通过网络平台线上传播林业科普知识，增进了社会公众对以蛙类为代表的野生动物的兴趣，加深了人们对生态保护的意识。在此基础上，2021 年 10 月，彭霄鹏博士又在《生命世界》《森林与人类》等期刊发表蛙类科普文章，对我国本土蛙类的生态问题现状进行分析。

本书共七章，按水栖蛙、半水栖蛙、地栖蛙、穴居蛙、树栖蛙、蛙类栖息地环境等分类进行介绍，书中增加了 2021 年 11 月首次命名并公布的蛙类新种——精灵原指树蛙（*Kurixalus silvaenaias*）的相关内容。

本书是一本涉及林业生态及生物多样性的科普佳作，希望《蛙类大世界》的出版，可以进一步推动我国蛙类及相关物种保护事业的健康发展，并可以帮助社会公众和中小学生更多地认识蛙、了解蛙、保护蛙，爱护这些人类的朋友、大自然的精灵，保护我们的森林和环境，保护我们的生物多样性。

中国科学院院士
科学技术部原副部长

程沛铝

2023 年 6 月

INTRODUCTION

引言

在广袤的自然界中，蛙作为两栖纲无尾目的统称，是世界上奇妙多变的古老物种之一。

两栖纲动物是从鱼类演化而来的，它的出现在动物进化史中有着重要的意义——脊索动物登上陆地。现代两栖动物包括有尾目和无尾目，无尾目即蛙类，它们当中有迷你精灵，也有庞然大物，有跳跃能手，也有游泳健将。因为其幼体生活在水中，由卵发育成蝌蚪（包括有尾目），成体多数生活在陆地上，是水陆间栖的动物，故名两栖动物。

全世界有着种类繁多的蛙类。据统计，全球蛙的种类有7000余种，时至今日，人们还在探索与发现一些新种。蛙类对生存环境非常依赖，它们的栖息地从热带、温带至寒带地区都有分布，从高原到平原，从江河到小溪，甚至沙地也能找到它们的踪迹，环境十分多样化。一些栖息在温带或寒冷的地区的蛙类，则会冬眠度过冬季，而在有旱季地区的热带蛙类会进行夏眠，从而应付不同栖息地复杂的气候条件。然而所有蛙类均离不开水源，即使栖息在干燥环境中的蛙类也能利用特殊本领获得水分。而降雨量越丰富的地方，蛙类的数量和种类越多，同时一些特殊地形如喀斯特地貌也会影响蛙种类的分化。

　　本书介绍了 60 余种代表性蛙类，通过水栖、半水栖、地栖、穴居以及树栖等习性，从多个角度展现蛙的不同形态特征及生存策略。本书中诸多蛙类图片拍摄自野外生境。作者团队耗费大量的心血，将很难见到的野生蛙类的真实状态展示给读者，展现出独特的两栖动物的奇妙之处。本书通过对两栖动物蛙类的介绍，激发人们探索生物奥秘的兴趣。

CONTENTS

目录

CONTENTS

CONTENTS

CONTENTS

第一章 什么是蛙

两栖纲无尾目下的动物统称为蛙，蛙的卵和幼体均只能生活在水中，多数蛙类成年后才可以上岸。蛙作为两栖动物，其实是在鱼类的基础上提升并进化的，比如，蛙的运动系统，其肌肉变得发达，最重要的是，蛙拥有了四肢，于是可以在陆地上活动了。此外，蛙的呼吸系统进一步进化，由于要在陆地上生存需要更努力地呼吸，因此蛙进化出了肺。蛙的运动量很大，所以耗氧量大，除了肺，蛙的皮肤也能辅助性地帮助呼吸。

蛙成年后，体表非常光滑，这是因为蛙的皮肤是裸露在空气中的，体表有一层湿滑的黏液，起到辅助呼吸的作用。正是因为这样，蛙虽然能够离开水到陆地上生活，但只是短时间的，而且通常是在没有太阳照射的夜晚，这样体表的水分才不会迅速地蒸发。

一般来说，皮肤比较光滑、身体比较细长的称为蛙，而皮肤比较粗糙、身体比较臃肿的称为蟾蜍。蛙和蟾蜍都既能生活在陆地上又能生活在水中，有些以水栖为主的蛙和蟾蜍，趋向于有细长的身体，而那些绝大部分时间居住在陆地上的蛙和蟾蜍，有圆圆的身体和短腿。几乎所有的蛙和蟾蜍都是食肉的，且用大嘴就可以直接完整地吞下食物。蛙和蟾蜍已经演化了不同的特征以适应环境。通常来讲，蛙有光滑的皮肤、长长的后腿、有蹼的脚，生活在水里或接近水体。蟾蜍有干燥、似疣的皮肤，趾间没有或几乎没有蹼，偏好居住在陆地上。

1. 蛙的分类

两栖纲无尾目下的动物统称为蛙，无尾目是一个大家族，其下包括 54 个科、457 个属，共计 7494 种动物。它们的幼体和成体区别很大，幼体即蝌蚪，有尾无足，成体无尾而有四肢，后肢比前肢长。

它们利用不同的形状、尺寸和颜色适应不同的栖息地，如沙漠、草地和山地等。

2. 蛙的身体构造

幼体蝌蚪：蛙卵由两层胶质包裹，外层胶质使卵浮在水面上（刚出生）→小蝌蚪有头部和躯干（2 周后）→长出后肢（5～6 周后）→长出前肢（10～12 周后）→尾巴萎缩（16 周后）。

▶ 通常蛙的卵呈团状，也就是一个个的卵连接在一起，形成一团团的。当卵孵化为蝌蚪时，蟾蜍蝌蚪小且黑，而青蛙蝌蚪呈深褐色且体形略大。

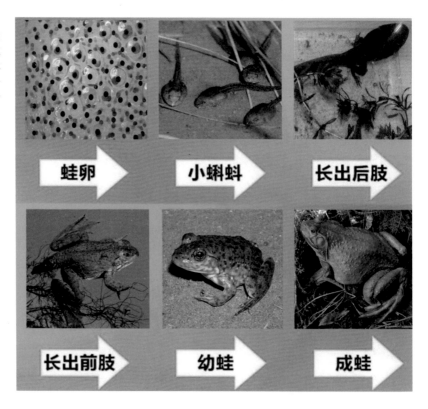

蛙卵 ➡ 小蝌蚪 ➡ 长出后肢

长出前肢 ➡ 幼蛙 ➡ 成蛙

狭口蛙、爪蟾蝌蚪眼睛分布在头部两侧，牛蛙、林蛙及蟾蜍蝌蚪眼睛分布在头部上方。

成体蛙——蛙的身体由头部、躯干、四肢组成。

头部：蛙的头部分布着眼、口、声囊、耳部，头部扁平，呈三角形。

蛙的耳部在眼睛后面，不过它是没有耳廓的。蛙能通过鼓膜听到外界的声音，头上两侧稍鼓的小包就是鼓膜。

声囊：蛙类通过声带发声，声囊产生共鸣，放大蛙的鸣叫声，起共鸣器的作用。声囊分外声囊和内声囊，外声囊如美洲牛蛙、狭口蛙的单咽下外声囊，黑斑蛙的双咽侧外声囊；内声囊如中国林蛙的双咽侧内声囊。声囊只有雄蛙有，雌蛙只有声带，因此叫声不如雄蛙响亮且频繁。

躯干：躯干部分短且宽。

四肢：前肢较为短小，主要由上臂、前臂、腕、掌、指五部分组成，前肢共4指。后肢长而发达，由股、胫、跗、跖、趾五部分组成，后肢分有5趾。

眼睛

耳部

口：有些蛙口部长有牙齿

声囊

四肢：前肢由上臂、前臂、腕、掌、指五部分组成；后肢由股、胫、跗、跖、趾五部分组成。

躯干：皮肤上布满疣粒

3. 蛙的体色

蛙的体色多样，体表有的分布有疣粒。蛙的种类不同，其体色也不尽相同，通常蛙类的体色主要有绿色、墨绿色、黄褐色、灰褐色等。但是，栖息环境以及性别、温度、状态、食谱等的变化，同样会对蛙类的体色产生影响。蛙类的体色之所以会发生变化，主要是因为蛙的皮肤内含有色素细胞，其主要作用就是根据环境的不同产生不同的色素，以适应环境，从而进行自我保护。

小知识

两栖纲动物皮肤上的色素细胞有多种，如黑或棕色素颗粒的黑色素细胞、黄色素颗粒的黄色素细胞、红色素颗粒的红色素细胞、具有反光性的晶体小板的虹色素细胞等。皮肤由表皮、真皮两层组成。真皮层中有全部色素细胞，而表皮层中只有较少的黑色素细胞，由于表皮层较薄，真皮层中的颜色可以透出。当蛙处于深色环境中时，眼睛所感知的环境现象通过神经传递到脑下垂体中叶，使它分泌促黑素，促进黑色素细胞合成黑色素并使其扩散，红色素和黄色素收缩，这样一来，红、黄色就隐退了，黑色素却十分明显，蛙就是暗色的了。体色的改变，主要是真皮层中较多黑色素细胞参与活动的结果。

▲ 红色：代表为红钟角蛙。

▲ 橙色：代表为枯叶蛙。

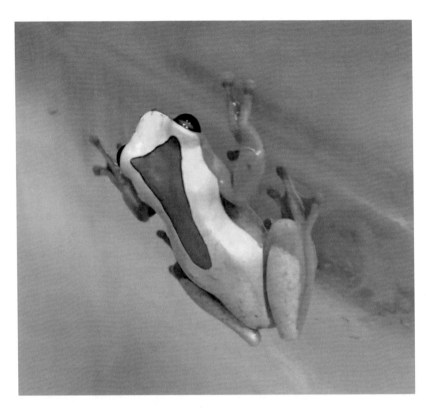

▲ 黄色：代表为小丑树蛙。

▲ 绿色：代表为金线蛙。

▲ 蓝色：代表为钴蓝箭毒蛙。

▲ 紫色：代表为紫蛙。

▶ 灰色：代表为科
罗拉多沙蟾蜍。

▶ 棕色：代表为乐
东蟾蜍。

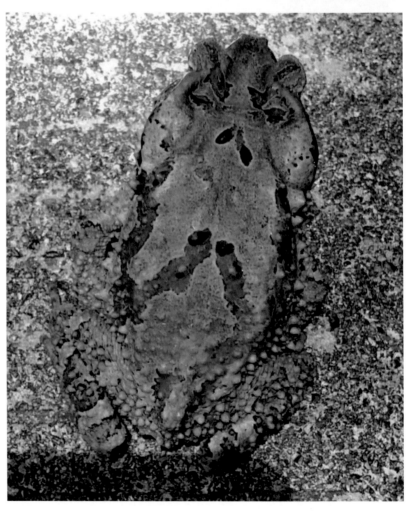

▲ 黑白色：代表为牛奶树蛙。

▲ 花纹：代表为花细狭口蛙。

▲ 斑点：代表为黄点铲鼻蛙。

4.蛙与人类文化

　　古人崇拜动物，因此有以动物为原型的图腾。多数动物图腾采用凶猛、庞大的动物为原型，如大象、老虎、狮子、熊、豹、鹰、蛇等，这些动物受到不同文化、不同区域古人的崇拜。而小小蛙类为何也会受到古人崇拜呢？这与地区和自然环境、生活理念、传统文化有关。在自然灾害中，古人最怕的是水灾和旱灾，在这些灾害中，大多数动物都死了，往往蛙类最后仍能幸存，这不得不让人钦佩。事实上，蛙作为两栖动物，对恶劣环境的抵御能力更强，而且绝大多数蛙有着很强的繁殖能力，这些都是古人所渴求的。并且蛙的叫声与婴儿啼哭声相似，可能被人们当作生命诞生的象征。

　　此外，古人发现蛙鸣和降雨有着十分密切的联系，似乎蛙鸣声能招来雨水。在农耕社会靠天吃饭的年代，人们信奉蛙鸣叫是在请天神下雨，使蛙蒙上了神秘的色彩。而部分学者认为，女娲的原型是对蛙图腾的崇拜，女娲的名字也许就是对蛙神的崇拜。同时，在蛙文化盛行期和蛙图腾崇拜地区，妇女社会地位较高，这也许与女娲崇拜和这些地区的母系氏族社会有关。当然，关于女娲的传说很多，这只是其中的一个。

而在其他国家如澳大利亚土著文化中，同样普遍存在着蛙崇拜文化。

在阿纳姆地的原始部落，所有居民都会称呼蛙为 mari（外婆），将之视作亲人。

在地球另一端的美洲，印第安人则将蛙的形象刻在图腾柱上，以表达对蛙的崇拜和喜爱。被称为世界"图腾之都"的加拿大邓肯，至今依旧竖立着很多刻有青蛙形状的图腾柱。

◀ 金蟾象征着聚财，因此金蟾外形的工艺品寓意"招财进宝"。

值得一提的是，蛙类中的蟾蜍在中国更有另外一种极其"实用"的象征意义——聚财。金蟾的形象在我国由来已久，深入人心。从宋代开始，刘海戏金蟾的故事逐渐在民间广泛流传。这个故事的版本甚多，但都将金蟾与金钱联系在了一起。有的传说中认为金蟾本是修炼多年的妖怪，被刘海断去一足后降伏。金蟾改邪归正后，口吐金钱造福民众，为此前恶行赎罪，而三足金蟾为财富象征的观点则牢牢根植于中国民间文化。金蟾是招财的瑞兽，它最重要的寓意就是财源滚滚。根据这一寓意，各种金蟾的造型都与金币、元宝有关。时至今日，依旧有很多人摆放三足金蟾以求"财源广进"。

第二章 水栖蛙类

1. 实验室的明星——非洲光滑爪蟾
（*Xenopus laevis*）

在非洲东南部生活着一种完全水栖的蛙，它们水性极好，无论是蝌蚪还是成蛙，究其一生都在淡水水域中生活，这就是光滑爪蟾。光滑爪蟾前肢短小，后肢粗壮，肌肉发达，但由于趾间有全蹼，并且四肢对躯体的支撑能力有限，所以只擅长游泳而不擅长在陆地跳跃活动，因三趾末端有明显的爪而得名爪蟾。

光滑爪蟾有着扁平的头部，身体扁平，呈流线状，体侧有纵向排列的白色"线纹"，这是它们的感受器，用来感受水中的震动。通过这个感受器，光滑爪蟾能探知水流和食物的方

◄ 非洲光滑爪蟾生性敏感，尤其喜好静止水域的环境。一旦发现水鸟靠近，会迅速潜至水底躲避危险。

位。由于光滑爪蟾没有舌头,因此它们只能利用前肢捕食。当察觉到水中有小动物时,它们会径直游至小动物附近,通过前爪捕捉食物。它们在进食过程中,利用前肢抱起食物往嘴里填塞。如果食物过大,它们甚至会利用后肢上的爪协助前肢,将腿伸到前面用力一蹬,把食物撕碎,这种四肢并用的进餐方式让人想起来就忍俊不禁。自然条件下,非洲光滑爪蟾以小鱼、虾、蟹及小型无脊椎动物为食,多夜间捕食。

▲ 野生环境下,非洲光滑爪蟾的体色呈深灰或墨绿色,背部皮肤有着如迷宫一般的黑褐色花纹,而体色也会根据环境变化。

　　光滑爪蟾白天多潜藏于水底深处,偶尔游至水面捕捉水面的小昆虫。它们的眼睛小且位于头部上方,当发现天上的猛禽或水鸟靠近时,就迅速游至水底躲避危险。它们的原产地是非洲东南部,从南非的热带草原起,北至肯尼亚、乌干达,西至喀麦隆均有分布。野生环境下,它们的体色呈深灰或墨绿色,背部皮肤有着如迷宫一般的黑褐色花纹,而体色也会根据环境变化。人工培育的白化光滑爪蟾周身金黄色,虹膜红色,俗称"金蛙"。

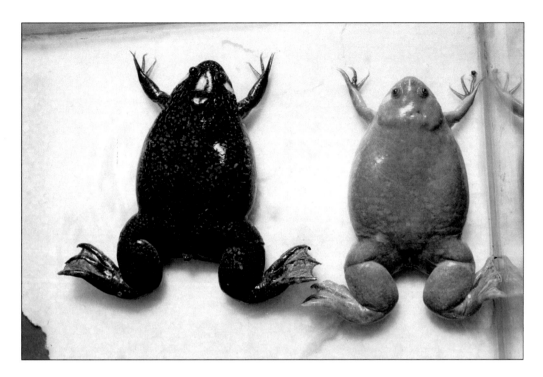

▲ 左为原色光滑爪蟾，右为白化光滑爪蟾，白化光滑爪蟾周身金黄色，虹膜红色，俗称"金蛙"。

　　非洲光滑爪蟾雌性成体体长可在100毫米以上，而雄性成体仅60～70毫米。产卵前，雌性泄殖腔唇明显地突出，变成红色，而雄性前臂内侧有黑色粗条纹的"婚垫"产生。爪蟾性成熟后雌雄相遇即会出现抱对现象。抱对前的鸣叫非常有趣，它们有着独特的发声方式，雄蛙会朝着异性使劲收缩喉部的肌肉，发出高频而不大的声音，而雌蛙如果同意交配就会发出一种快节奏的鸣声，不同意则会发出一种慢节奏的叫声，这种行为在两栖动物界中十分罕见。爪蟾抱对时间为4～5小时，随后在20～25℃的条件下产卵。雌蛙每次产卵2000枚以上，卵为乳白色，外有较厚卵胶膜，一周后受精卵便可以发育为蝌蚪，5～6周蝌蚪长大完成变态。

▲ 性成熟的光滑爪蟾雌雄差异很明显：产卵前，雌性泄殖腔唇明显地突出，变成红色，而雄性前臂内侧有黑色粗条纹的"婚垫"产生。爪蟾性成熟后雌雄相遇即会出现抱对现象。

蛙类大世界

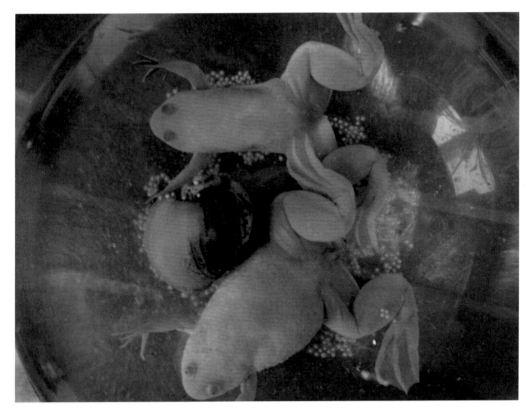

▲ 光滑爪蟾在适宜的温度 (20～25℃) 下产卵，卵为乳白色，外有较厚卵胶膜，一周后受精卵便可以发育为蝌蚪，5～6 周蝌蚪长大完成变态。

  此外，光滑爪蟾作为实验动物，也对发育生物学研究及医学妊娠测试起着重要的作用。20 世纪 40 至 60 年代，研究人员曾经通过爪蟾进行早期妊娠监测，即注射孕妇尿（其有效成分为绒毛膜促性腺激素）可以引起爪蟾排卵。这一方法曾被广泛应用于医院的妊娠测试。直至今日，光滑爪蟾依然被当作模式实验动物。科研人员采用各种胚胎手术或物理、化学的方法来处理胚胎，观察分析动物胚胎发育的各种现象。爪蟾因具有产卵量大、可激素诱导产卵等特点，而成为实验胚胎学研究的重要生物。

  同时，非洲光滑爪蟾也是器官再生研究的新模型。不同于与其亲缘关系很近的有尾目两栖类，爪蟾的再生能力会随着其发育成熟而逐渐丧失。如早期蝌蚪的肢体在离断后可以完全再生，而晚期蝌蚪的肢体及变态后的成体断肢则不可再生。成体的组织，只有皮肤、软骨组织和脊髓可以再生，骨骼和骨骼肌无法完全再生。这一再生行为特性使爪蟾成为研究器官再生的理想模型。

2. 爱子心切——负子蟾（*Pipa pipa*）

繁殖是生物延续种族的主要方式，是生物进化的重要基础，也是生命延续的途径。不同物种繁殖方式千差万别。有一种完全水栖的蛙类，一旦有了后代，就会把蛙卵产在自己背上，以保障其安全。为了避免卵在背上放不稳会落下，蛙妈妈背部皮肤开始肿胀，分泌出黏液，并迅速生长，新长出来的背部皮肤，将所有的卵都稳稳地包裹其中。卵孵化出的小蛙，就从蛙妈妈的皮肤上绽出。之后蛙妈妈背部的皮肤会自然脱落，变得像以前一样滑溜溜的。这种独特的蛙就是负子蟾。

负子蟾分布在非洲和南美洲的湿地森林中，在水流缓慢的河流、沼泽里生存。负子蟾背部、腹部平坦、身体整体扁平。它们后足蹼发达，且皮肤光滑。负子蟾有侧线系统，能感知水流。负子蟾头部较小、无舌，眼睛也很小，分布在两侧，且眼睑无法自由活动。成年负子蟾体长约 15 厘米，身体呈棕褐色，看起来像一片枯树叶漂在水中，和河泥颜色接近，与环境融为一体，不易被天敌发现。

▲ 负子蟾身体扁平，身体呈棕褐色，看起来像一片枯树叶。

负子蟾性格胆小，究其一生在水里活动。它们没有发达的舌头，无法用舌头卷住飞虫捕食，只能凭借嗅觉及触觉靠近昆虫或小鱼，张开嘴巴同时前肢一按，再将食物囫囵吞下。其生境中的水域里有大量昆虫、小鱼等，生物资源丰沛，保证了负子蟾生长繁育的食物需求。

　　每年 4 月是负子蟾的繁殖期。这时雌蟾分泌一种特殊气味招来雄蟾。抱对时，雄蟾用前肢紧紧扒住雌蟾的后肢前方，而雌蟾可不会老老实实地待着不动，它们会扑通扑通地在水中翻腾，雄蟾必须一直紧紧地抱着雌蟾，仿佛水下的双人芭蕾。一昼夜后，雌蟾的背部和泄殖腔周围都肿胀起来，接着开始产卵，每次雌性负子蟾产下约 100 枚卵。

◄ 雄蟾用前肢紧紧扒住雌蟾的后肢前方进行交配。

　　产卵期间雌蟾背部的皮肤变得非常厚实柔软，并形成一个个像蜂窝一样的穴，泄殖腔壁伸到外面形成管状产卵带，弯曲达于背上，雄蟾在雌蟾背上压着产卵带，雌蟾把泄殖孔紧贴在雄蟾腹部，恰好把卵产在雄蟾腹部受精。雄蟾用后肢夹着卵，把卵挤压入雌蟾海绵状皮肤的小窝中，覆以胶质。卵在雌蟾背部的皮肤窝中发育，直至发育成幼蛙，幼蛙会戳破覆盖其上的皮肤而出，之后幼小的负子蟾才离开雌体。负子蟾因有这种"负子"的习性而得名。

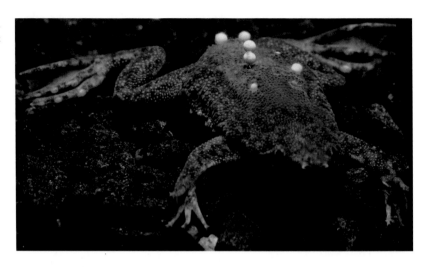

▶ 卵在雌蟾背部的皮肤窝中发育，大大提升了幼蛙的存活率。

雌性负子蟾在小蟾离开它们的后背前，肩负着保护小蟾的任务。在小蟾从它们的背上钻出来后，雌性负子蟾会在树皮或石头表面摩擦蹭背，让这层皮肤脱落，又恢复繁殖前背部光滑的模样。而这个过程，承载着负子蟾妈妈的母爱和繁育的责任。负子蟾因有这种"负子"的习性而得名，可谓慈母中的典范。

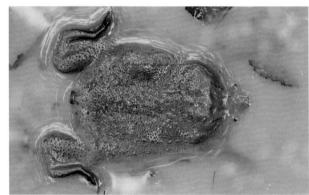

▲ 负子蟾水性极好，几乎一生生活在水中。

3. 滑稽的胖蛙——小丑蛙 （*Lepidobatrachus llanensis*）

在南美洲的阿根廷也有一种蛙族胖家伙，叫猫眼珍珠蛙，俗称小丑蛙。这种蛙有着夸张的大嘴巴和圆滚滚的身体，灰色

蛙类大世界

身体上分布着黄褐色的小点，两只大眼睛圆滚突出，眼瞳灰中带黑，同时又晶莹剔透，美丽中透着几分狡猾的神色。雌性小丑蛙的体形大于雄性，雄性体长75～95毫米，雌性为100～150毫米。小丑蛙纯水栖，腿短且无蹼，原生环境是浑浊的湿润泥巴或浅水。它们露出小小的眼睛，捕食着路过的小鱼和节肢动物。

小丑蛙所在的南美洲大查科平原环境中，溪流潺潺、林木葱郁。大查科平原是南美洲降雨量最大、最炎热的地区之一。这里位于南回归线附近，平均气温在24～30℃，绝对最高气温达47℃，这样的环境赋予了小丑蛙惊人的耐热性，并迫使它们养成了随时都要去冲个凉、洗个澡，保持皮肤湿润的习惯。

▲ 小丑蛙灰色的身体上分布着黄褐色的小点。

▲ 小丑蛙纯水栖，但水的深度不宜过深。它嘴巴奇大，几乎占据了一半身体。

虽然栖身于小溪小河中，但其实小丑蛙的泳技并不高超。这是因为它们躯干大、四肢短，身体像个圆盘一样永远浮在水面上，难以下潜；加上它们后肢无蹼，难以在水中自由自在地灵活运动，自然泳技不行。

▲ 小丑蛙身躯宽大，匍匐在水塘边时，一对前足或合拢置于嘴旁，或如肌肉壮汉般摆开横在体侧。

▲ 小丑蛙潜伏在水中，它们的眼睛在头部上方，独特的结构特点使其能更好地适应纯水环境生活，躲在水面时刻观察风吹草动。

4. 池塘水怪——智利巨蛙
（*Caudiverbera caudiverbera*）

　　智利巨蛙是分布在智利中部及南部的一种体形较大的蛙类，习性类似小丑蛙，同样是纯水栖习性。它们体长 84～132 毫米。最长可达 230 毫米。在水栖蛙中，智利巨蛙可以算得上"水中巨怪"，它们嘴阔且胃口不小，以鱼类、昆虫、其他蛙类和甲壳类动物为食。智利巨蛙栖息于森林中的湖泊或河川，且时常潜入河湖底部的泥中。

▲ 智利巨蛙最大超过 200 毫米，比小丑蛙稍大。

▲ 智利巨蛙利用前爪捕捉食物，抱起食物往大嘴里填塞。

▲ 智利巨蛙嘴阔而身体粗壮，周身橄榄色，背部有着黄色的纹路及细小的疣粒。

第三章　半水栖蛙类

1. 池塘霸主——美洲牛蛙
（*Lithobates catesbeiana*）

美洲牛蛙即我们常说的广义上的牛蛙，这是一种体形巨大的淡水蛙类。在北美蛙类中，它们体形最大。美洲牛蛙肛吻距100 ~ 200毫米，一般成体重量为600 ~ 1000克。

◀ 牛蛙体形巨大，一些更大个体的野生美洲牛蛙肛吻距甚至接近250毫米，体重超过1200克。

美洲牛蛙成体背部呈墨绿或棕色，腹部呈白色至淡黄色，四肢有深褐色或黑色横带纹。前腿短而结实，后腿长且粗壮。前脚趾无蹼，但后脚趾有蹼。美洲牛蛙通过皮肤、颊洞和肺进行呼吸，习性上更偏水栖。

成体美洲牛蛙雄性体形比雌性小，雄性有发达的声囊，鼓膜更大，喉部有明显的黄色，雌性眼睛相对更大。

▲ 美洲牛蛙头部扁平，眼睛突出，有棕色虹膜和杏仁状瞳孔，鼓膜在眼睛后面。

　　在蛙类中，美洲牛蛙的叫声之洪亮是数一数二的，笔者在美国路易斯安那州访学期间，在距密西西比河域很远的地方就能听到美洲牛蛙那此起彼伏的洪亮而粗重的叫声，恰如牛鸣，因此牛蛙的英文名"bull frog"也十分贴切。

　　在初夏的夜里，雄性在交配期间所发出的叫声往往能传到几千米之外。交配中的美洲牛蛙"合唱团"中，雄性牛蛙所处的位置是不断移动的。体形更壮硕的雄性会占据优势的地形，它们会将身体的大部分露出水面，展示自己的黄色喉咙，颜色鲜艳的为胜者，从而有机会和雌蛙交配。在此期间，每当有其他雄性牛蛙挑战时，它们就会进行摔跤式的打斗。交配期也是雄蛙死亡率较高的时期，因为此时雄蛙放弃觅食且能量消耗更大。

▲ 笔者在美国路易斯安那州访学期间，在距密西西比河域很远的地方就能听到美洲牛蛙那此起彼伏的洪亮而粗重的叫声。笔者穿行于短吻鳄栖息的湿地中，脚边时常会有突然蹦出的肥硕的美洲牛蛙。

▲ 在广阔的湿地芦苇中，响起美洲牛蛙的鸣叫声，会使其他动物误认为水塘中一定藏着什么"大家伙"，从而敬而远之。被抓的美洲牛蛙会发出刺耳的尖叫声，可能会让捕食者受到惊吓，美洲牛蛙则趁机逃生。此外，它们的叫声也会警告其他同类：危险临近，尽快逃跑。

在繁殖期，雌性每次会产下 20000 枚卵，这些卵连成片状漂浮在水面上。胚胎在 24 ~ 30℃的水温下发育最好，并在 3 ~ 5 天内孵化。如果水温升至 32℃以上，则会出现发育异常；如果水温低于 15℃，则会停止正常发育。变态的时间范围从南部的几个月到北部的 3 年，较冷的水会减缓发育。美洲牛蛙成长迅速，从生命开始时的 5 克长到体重 175 克，只需要短短的 8 个月。美洲牛蛙在野外的寿命为 8 ~ 10 年，人工环境下美洲牛蛙的寿命更长。

▲ 美洲牛蛙幼体

　　美洲牛蛙原产于美国东部，由于人为因素，截至2014年，它们已经扩散到美国除北达科他州以外的每一个州。人类活动导致西部变成了一片意外的绿洲，这里成了美洲牛蛙的伊甸园。这里天敌数量少，食物充足，很快美洲牛蛙遍布各河域的角落。美国科学家们发现，在美国其他州，美洲牛蛙如强盗般捕食本地小型蛙类，同时幼蛙和本地蛙抢食，以及传播一种可能导致两栖动物数量减少的真菌，从而给本地蛙生存带来很大压力。蒙大拿州和联邦机构一开始曾试图人为清除美洲牛蛙，但由于美洲牛蛙的数量过多，这项计划只能终止。美国地质勘探局生物学家亚当·塞普尔韦达曾表示，几乎无所不吃的美洲牛蛙，正沿西北部蒙大拿州境内的黄石河顺流而下，蔓延成灾，对当地蛙类构成极大威胁。

▶ 哪里有水，美洲牛蛙就能向哪里蔓延，它们沿西北部蒙大拿州境内的黄石河顺流而下，对当地蛙类构成威胁。

　　据调查，2010—2013 年，蒙大拿州牛蛙繁殖地美洲牛蛙的数量几乎增长了 3 倍，研究人员也发现了肛吻距长达 300 毫米的特大号美洲牛蛙。美洲牛蛙会吃掉任何能够吃得下的东西，不管是其他蛙，还是一只鸟或一只昆虫。科研人员捕捉过一只野生牛蛙，切开后发现其胃里居然有一只黄鹂鸟。由此说明，美洲牛蛙的泛滥会威胁很多小型野生动物。

　　美洲牛蛙生境内的天敌是密西西比短吻鳄、拟鳄龟、大鳄龟、大型水鸟、水獭及狐狸等。

　　美洲牛蛙的自然分布地为美国、加拿大和墨西哥的落基山脉东边。后期被引进欧洲部分地区，分布于北意大利、法国的阿基坦地区，另外还分布于西班牙及荷兰等地，少量分布于意大利沿海。我国在 1959 年从古巴引进美洲牛蛙，由于其繁殖过快，在中国，它们作为一种入侵物种，亦有广泛分布。北京的紫竹院公园的澄鲜湖、颐和园的昆明湖都曾有美洲牛蛙的踪影。它们被国际自然保护联盟物种存续委员会的入侵物种专家小组（ISSG）列为世界百大外来入侵种之一。

美洲牛蛙之所以能在不同环境中泛滥，不仅因为它们繁殖快，其野外生存能力强也是主因。美洲牛蛙体形大，食性广，吃得多，犹如"蛙中饕餮"，暴饮暴食而没有节制。它们并不像其他蛙类一样以昆虫为主食，待美洲牛蛙由幼苗稍稍长大，它们的猎杀对象马上由昆虫过渡到鱼类以及水鸟的幼雏和啮齿类动物等，小小的昆虫根本满足不了它们的大胃口。遇到其他蛙类，美洲牛蛙也会毫不客气地一口吞下。体形较大的牛蛙甚至会捕食小蛇等。只要它们感觉能够塞进嘴里的东西，小到昆虫，大到小鼠，它们均不放过。美洲牛蛙虽然本身无毒，但它们的机体却可以抵抗许多毒素，所以只要体形合适，即使遇到有毒的小型蛇类及毒虫包括狼蛛，美洲牛蛙也会尽力品尝。

▲ 美洲牛蛙的捕食能力非常强，它们以伏击的方式捕食，遇到大型猎物时，它们会猛烈地跳跃，用头部撞击猎物，同时咬住猎物，拖入水中，待猎物窒息后再吞食。

美洲牛蛙富有活力，并且体形庞大，肉质鲜美，这也直接导致美洲牛蛙成为国人餐桌上最受追捧的菜肴之一。牛蛙形成产业也许有积极的一面，它可以带动当地食品经济的发展，拓展就业途径。但人工繁殖的意义不能仅局限于满足人们的口腹之欲。在外来物种的控制方面，相关机构、部门需要特别预防生物入侵所引发的生态问题。

北京的紫竹院公园、颐和园以及玉渊潭公园的湖中，都有牛蛙的踪影。深夜，黑斑蛙在芦苇中发出清脆的鸣叫，夹杂着牛蛙低沉的鸣声，显得有些不和谐。芦苇丛中，巨大的牛蛙背着小个雄性黑斑蛙，它们紧紧抱对，雄性黑斑蛙头侧黑色声囊发出蛙鸣，这种无效的求偶行为，破坏了原有的生态，河域中更为敏感的金线蛙的踪迹，随着牛蛙的活动也显著减少。

▲ 国内一些河域发现了美洲牛蛙的踪影。黑斑蛙与美洲牛蛙抱对这种无效的求偶行为，破坏了本地原有的生态。

美洲牛蛙作为破坏力巨大的物种，被列为世界百大外来入侵种之一，这种破坏也直接影响到两栖动物的生物多样性。我国的牛蛙消费需求是巨大的，牛蛙对食品行业有着不可忽视的推动作用与贡献。如何平衡二者的关系十分重要。或许在食品加工环节，尽可能控制牛蛙等外来经济物种活体进入销售市场，以冷冻生鲜的形式进行售卖，最大限度地避免牛蛙活体进入野外，流入自然水域及沟渠，可以平衡经济发展和生态保护的关系，进一步保护本地两栖纲及促进生态环境建设。

2. 蛙鸣奏乐者——黑斑蛙
（ *Pelophylax nigromaculatus* ）

蛙鸣是一阕纯净的乡音，清越空灵，任你千百遍聆听，都不会生厌。宋代诗人杨万里有诗曰："青塘无店亦无人，只有青蛙紫蚓声。"唐代诗人贾弇《状江南·孟夏》一诗中，有"虿气为楼阁，蛙声作管弦"，把初夏时节的蛙鸣比作管弦之乐，可谓贴切传神，令人浮想联翩。

初夏，华北地区公园内的湖畔，雨后的夜晚总会响起阵阵清脆的蛙鸣。夜色中蛙鸣声此起彼伏，这好听的声音来自栖息在湖边芦苇丛或莲叶间的小生灵黑斑蛙。在月光的辉映下，它们聚在一起奏起"交响乐"，给夏季的池塘带来勃勃生机。

黑斑蛙肛吻距62～74毫米，最大个体重约100克，雄性比雌性略小。黑斑蛙头部两侧有发达的鼓膜，雄性鼓膜处有一对颈侧外声囊，声囊产生共鸣，会一鼓一鼓发出声音，使蛙的歌声嘹亮，也就是我们听见的蛙鸣声。黑斑蛙前肢较短，后肢较长，且肌肉发达，可以跳得很远。其趾间为全蹼也表明它们具有偏水栖习性。

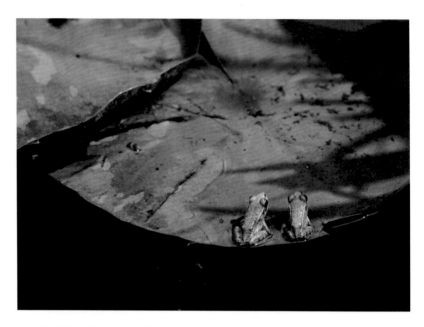

▲ 黑斑蛙喜欢集体生活，繁殖期它们晚上出来活动，成群地在池塘中抱对产卵，四、五月是它们产卵的高峰期。

▲ 黑斑蛙头长略大于头宽，有着比较尖的吻部，背部呈深绿色、黄绿色或棕灰色，伴有斑驳不均的黑色斑点，腹部为白色。

黑斑蛙在繁殖期的合唱并非各自乱唱，而是有一定规律：有领唱、齐唱、伴唱等多种形式，互相紧密配合。据推测，它们成群地合唱比独唱更为有效，因为包含的信息多，同时合唱声音洪亮，传播的距离远，能吸引附近更多的雌蛙前来。蝌蚪时期的黑斑蛙，早期吃池塘里的一些浮游生物，稍大后喜欢吃一些植物性和动物性的食物。在它们进入变态期以后，开始把一些昆虫作为主要的食物。经过约 2 个月，蝌蚪彻底完成变态。黑斑蛙钟爱昆虫类节肢动物，偶尔也吃小型鱼虾。它们只能看到活动的物体，发现地面的小虫后，它们会微调一下身体方向，把嘴对准猎物并靠近，突然间猛地跃起，将食物吞入口中。它们的舌头上有黏液，用舌头捕食。捕食飞虫或树枝高处的昆虫时，黑斑蛙两条长长的后腿一蹬，一纵身，敏捷地将后腿一蜷，腾空跳起，舌头一伸，就把飞虫粘住了。在吞咽时它们会紧闭一下眼睛，把食物压入腹部，这一点角蛙与之类似。

▲ 当笔者靠近时，黑斑蛙猛地一跳，跳到漂着浮萍的池塘里。这一跳，至少有它体长的 20 倍距离。之后它以最标准的蛙泳姿势，向湖中间游去，消失在芦苇丛中。

▶ 黑斑蛙不仅是跳远健将、游泳专家，也是伪装高手：它们头背部黄绿的体色及黑褐色的斑点是天然的保护色，在草丛中也很难被人们发现。

黑斑蛙分布于中国、日本、朝鲜、韩国、俄罗斯。在我国分布于华北、华东、东北等地区，除海南、云南、台湾等少数省份以外的各省（自治区、直辖市）均有。

黑斑蛙成体和卵多被用为教学和实验材料。据《本草纲目》记载，亦可作药用。黑斑蛙是国家保护的陆生野生动物，是山东省重点保护野生动物，2004 年被列入《世界自然保护联盟濒危物种红色名录》。

3. 外形"标致"的蛙——沼水蛙
（*Hylarana guentheri*）

七月的海南，由于热带季风影响，岛屿时时伴随着台风登陆，大暴雨是常有的事。往往前一秒还是烈日炎炎，须臾间乌云压来，紧接着是暴雨倾盆。豆大的雨点狠狠地砸着大地，落在海南热带雨林的巨大阔叶上，噼里啪啦的雨声不绝于耳。到了夜晚，雨渐渐小了，停了，这时在海南热带野生动植物园的河岸边，传来阵阵清脆的蛙鸣，这是本地沼水蛙雄蛙发出的。

◀ 在静谧的夜间，幽幽山谷中，沼水蛙响亮且单音节的叫声此起彼伏。

沼水蛙属蛙科、水蛙属。体形较大且狭长，雄蛙体长71毫米，雌蛙体长72毫米左右。吻长而略尖，吻棱明显；鼻孔近吻端；眼大，鼓膜圆而明显。指长，末端钝圆；后肢较长；趾长。背部皮肤光滑，体侧皮肤有小痣粒。体色为淡棕色或灰棕色，少数个体的背部有黑斑，外形与林蛙十分近似，但比林蛙大得多。

◀ 沼水蛙主要活动在河流、沼泽、稻田、池塘或水坑内，常隐蔽在水生植物丛间、土洞或杂草丛中。

沼水蛙在海南儋州、霸王岭、乐东尖峰岭、文昌、琼山、琼中及五指山、陵水均有分布，生活于海拔 1100 米以下的平原、丘陵和山区。

▶ 沼水蛙夜间活跃，主要捕食膜翅目、双翅目、鳞翅目、同翅目等昆虫及其幼虫，其对蝼蛄、蜻象、蜗牛、马陆等也来者不拒，有时也会觅食蚯蚓、田螺等。

沼水蛙繁殖季节因地而异，多在五至六月，在夜晚的湖边，雄性沼水蛙会发出响亮的鸣声，呱呱声响彻湖畔。繁殖后产的卵群呈片状或团状，卵 2000～4000 枚。之后发育成蝌蚪在静水塘内生活，约两个月内长成幼蛙，开始新的生命周期。

▶ 沼水蛙擅长跳跃，捕食的时候，将自己嘴里弹簧枪般的舌头弹射出去，瞬间粘住那些小飞虫。

蛙类大世界

4. 长着"胡子"的蛙——髭蟾（*Vibrissa phora*）

　　髭蟾是髭蟾属动物的统称，是中国特有的两栖动物，代表物种为四川的峨眉髭蟾和云南的哀牢髭蟾。

　　繁殖季髭蟾会前往附近的溪流。这时髭蟾皮肤中的蓝色会加重，使皮肤呈现紫灰色，非常漂亮。而雄髭蟾会在上唇边长出 14 枚左右的硬刺，并将其用于搏斗，争夺领地和交配权。

◀ 髭蟾不善跳跃，爬行缓慢，爬行动作十分有趣：它会用四肢高高地撑起身体，让腹部离开地面，用指尖和掌垫接触地面。

▲ 髭蟾通常会在靠近水源的林地中被发现。

▲ 髭蟾在野外以蟋蟀、突灶螽、蚯蚓等为食，它们总是蹲坐在裸露的石头或地表上"守株待兔"。

▲ 髭蟾的蝌蚪

蝌蚪发育较为缓慢，变态期较长，在水中生活至少两个冬天才会上岸，长成成蛙需 3 ～ 5 年。在此期间髭蟾的蝌蚪以水中的藻类、有机物碎屑以及小型无脊椎动物为食。蝌蚪尺寸极大，大部分蝌蚪体长可超过 120 毫米。

▲ 蝌蚪向幼蛙进行变态发育。

5. 以臭自保的蛙——臭蛙（*Odorrana*）

　　臭蛙因皮肤可分泌难闻的黏液而得名，平时它们并不会散发臭味，但在被捕捉时它们的皮肤会分泌难闻的、具有刺激性味道的黏液。如果手上凑巧有伤口，接触这种黏液后就会有刺痛感。显然，这是臭蛙自我防护的手段。

　　臭蛙常见于池塘附近、稻田边、溪流旁的石块下、草丛或灌木丛中，在沼泽地也很常见。

▶ 在一个水流湍急的位置，有一只深褐色的蛙趴在石壁上，这就是大绿臭蛙。

▶ 臭蛙白天不常见，一到傍晚，就开始从隐蔽处出来准备觅食。那个时候，常能听到雄蛙发出"吱吱啾啾"的叫声，不知道的还以为是小鸟在灌木丛里鸣叫呢。

▲ 一到傍晚，无指盘臭蛙就开始从隐蔽处出来，蹲在溪边的石头上或树上准备觅食。

　　雌雄臭蛙在体形大小上差异显著，雄蛙体长 32～88 毫米，雌蛙体长 52～123 毫米。臭蛙的种类很多，具有代表性的有云南臭蛙、安龙臭蛙、无指盘臭蛙、大绿臭蛙、海南臭蛙、合江臭蛙、黄岗臭蛙、筠连臭蛙、光雾臭蛙、龙胜臭蛙、大耳臭蛙、绿臭蛙、南江臭蛙、圆斑臭蛙、花臭蛙、天目臭蛙、棕背臭蛙、台岛臭蛙、滇南臭蛙、凹耳臭蛙、墨脱臭蛙和务川臭蛙等。

▲ 2023 年 6 月，笔者在浙江省淳安县发现了我国特有的珍稀蛙类天目臭蛙的踪迹，这是迄今为止发现的全球第三个天目臭蛙分布点。

▲ 雄性海南臭蛙

▲ 抱对中的海南臭蛙。上方为雄性，下方为雌性，成体雌性比雄性大得多。

臭蛙家族中，务川臭蛙（*Odorrana wuchuanensis*）极具代表性，它们又名井磅，因其模式标本采于贵州省务川仡佬族苗族自治县而得名。

　　务川臭蛙雌雄体形差异很大，雌性体长是雄性的近两倍。它们头长大于头宽，背部绿色，排列着稀疏的不规则的褐色斑，四肢背面浅褐色横纹宽窄不一。前臂粗壮，指长而扁平，趾间全蹼。

◀ 务川臭蛙分布于贵州省务川仡佬族苗族自治县。

◀ 务川臭蛙是蛙科动物进化过程中的一个重要过渡类群，其在蛙科动物的起源、演化与分布格局等方面的研究上，具有重要的学术价值。

务川臭蛙是蛙科臭蛙属中一种适应溶洞生活的物种，在野外主要分布在务川仡佬族苗族自治县镇南镇、柏村镇、茅天镇和荔波县茂兰国家级自然保护区。这里山地气候特征明显，年平均气温 15.5℃，年平均日照率 23%，雨量十分充沛，年降雨量 1271.7 毫米。

务川臭蛙主要分布于海拔 700 ～ 1500 米的喀斯特溶洞中，生活在海拔 200 ～ 800 米的丘陵山区，这里水流平缓，水面开阔，环境阴湿，植被茂盛。

▲ 成蛙栖息于溪边的石块、岩壁、岩缝或溪边的灌木丛中。

务川臭蛙是我国特有种，也是中国最濒危的 8 种两栖类物种之一。务川臭蛙分布的现状是分布区狭窄、适应性弱、种群数量少、分布栖息生境丧失。其面临的威胁除自身的生物习性外，栖息地丧失、种群隔离、极小种群是其主要威胁因子。因此，针对务川臭蛙种群现状，开展野外种群长期监测与科学研究，加强极小种群保护与保护宣传工作是一项有效保护举措。

6. 鲜艳腹部的危险信号——铃蟾（*Bombina*）

铃蟾是蛙类中一个非常原始的类群，隶属两栖纲无尾目铃蟾科铃蟾属，在分类上作为独立的铃蟾科，是介于原始蛙类和较高级蛙类的一个过渡类群。铃蟾一共有7种，其中2种分布在欧洲，5种分布在亚洲，而这5种在我国均有分布。本书将着重介绍其中的东方铃蟾和大蹼铃蟾。

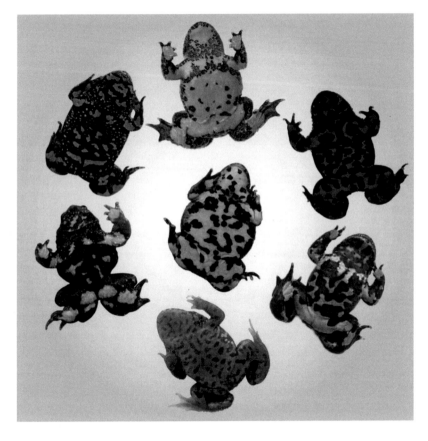

◀ 铃蟾腹部颜色鲜艳，遇到危险时会分泌出毒液，并将腹部朝上，露出腹部警戒色以恐吓敌人、保护自己。

6.1 东方铃蟾（*Bombina orientalis*）

东方铃蟾也叫臭蛤蟆、火腹铃蟾、红肚皮蛤蟆，是一种色彩艳丽的小型蛙类。东方铃蟾体长36～48毫米，头部扁平，前后肢短，皮肤粗糙，呈黑色，背部呈绿色且杂以不规则的黑色斑点，或背部呈灰棕色肩部有绿色花斑；腹面朱红色或橘黄色，伴有黑色的花斑，十分醒目。

▲ 东方铃蟾喜欢张开四肢浮在水面上或躲在水中石块、水草的缝隙里。受惊扰后，有时将其四肢翻起，露出腹部的警戒色。

▲ 东方铃蟾背部呈绿色且杂以不规则的黑色斑点，腹面朱红色或橘黄色，伴有黑色的花斑。

▲ 东方铃蟾生活在山溪的石下、草丛、路边，半山坡上的小水坑、石头坑等处。

　　东方铃蟾是肉食性动物，由于跳跃能力不强，只能捕食地面上活动能力较差的小动物，如蚂蚁、蜘蛛、蜗牛等，也可能误食一些植物性食物。它们主要分布于中国、朝鲜、韩国、俄罗斯。在我国则分布在华东地区的安徽、山东、江苏等地。1927 年，生物学家刘承钊先生将东方铃蟾由其模式产地山东烟台人工引进北京，放养在西山樱桃沟一带。

　　时至今日，这些东方铃蟾经过繁衍生息，已在北京香山、国家植物园以及周边的山涧溪流、水塘中生存，形成了一定规模的种群。2004 年，东方铃蟾已被列入《世界自然保护联盟濒危物种红色名录》。

　　东方铃蟾常常选择在土洞、石洞或泥沟等处越冬。五月初出蛰，雄性虽无声囊，但在繁殖期常昼夜鸣叫，声音低沉，似极远处的犬叫声，有时单声，有时连续鸣叫。它们五至七月产卵，抱对的雄蛙体长一般比雌蛙稍大，且体长明显大于其附近的雄蛙。当产卵场雌性个体非常少的时候，雄性之间会出现争夺配偶的情况。

▲ 东方铃蟾在北京香山、国家植物园周边地区已形成种群。

6.2 大蹼铃蟾（*Bombina maxima*）

大蹼铃蟾在铃蟾类群中属于体形大的蛙，体长为 50 ~ 70 毫米。它们吻端圆且高，突出于下颌，吻棱不显。它们的舌近圆形，不能伸出口腔以外；皮肤粗糙，整个背面布满大小瘰粒，一般肩上方有 4 个大瘰粒排列成"×"形，腹面皮肤光滑。它们的体背面一般为灰褐色或墨绿色，有的有少许草绿色斑块，而腹面为鲜艳的橘红色或橘黄色，间以黑色斑，呈醒目大花斑。

大蹼铃蟾是中国蛙类特有种，分布在我国西南地区的云南、四川南部和贵州西部，主要集中于横断山系东侧。云南是大蹼铃蟾的重要栖息地，由于水源和气候等，云南的横断山一直是当地生物多样性的摇篮。

◀ 与其他铃蟾相比，
大蹼铃蟾后肢上的蹼
更大且发达，由此而
得名。

◀ 大蹼铃蟾栖息地多
在海拔2000～3300
米的山溪石下或坑塘，
尤其以与山溪相连的
静水坑内居多，笔者
曾在云南发现过它们
的身影。

在第四纪，地球大部分地区曾经遭遇冰川的覆盖和消退，即冰期和间冰期的周期性变化。每当间冰期来临，冰川融化退缩，植物又开始从南向北逐步收复失地。但当遇到东西向的大山阻挡时，植物很难越过这种天然屏障，而生活在云南的植物可以沿着南北向的横断山脉推进，直至其生存界限为止，这也为云南有着世界上罕见的动植物生态群落创造了自然条件，而这里也成了大蹼铃蟾的乐园。

▲ 大蹼铃蟾在陆地上行动笨拙，不擅长跳跃，受惊吓时将四肢掌、跖部向上翻转，显露出腹部的橘红色以示警戒。

大蹼铃蟾喜活动于与山溪相连的静水坑内。由于习性偏水，它们常待在浅水坑内，在水塘内仅露出鼻孔和眼睛。它们在陆地上行动笨拙，不擅长跳跃，受惊吓时将四肢掌、跖部向上翻转，显露出腹部的橘红色以示警戒。

其实，它们有着非常厉害的防御本领——皮肤的白色分泌物有剧毒，毒性堪比蝰蛇毒素。可以说，大蹼铃蟾是中国最具毒性的蛙类之一。

大蹼铃蟾以多种昆虫、螺类以及其他小动物为食。它们会全天捕食，由于它们不擅跳跃且舌头无法弹出，因此只能捕食一些离自己比较近的小型节肢动物。蠕虫、蜘蛛、田螺等是它们的主要食物。捕食时，它们会往前一扑，张开大口直接将猎物吞入口中。

五至六月为大蹼铃蟾的繁殖期，夜晚雄性常发出像小鸡一样"叽叽"的鸣声，声音较弱。雌性在有水草的静水坑内产卵，数粒至数十粒为一群，附在水草茎叶上。刚孵出的蝌蚪全长近 10 毫米，体笨重，尾较短弱，尾末端钝尖。蝌蚪背面棕灰色，皮肤上有极细的短线条，纵横交织成网状。早期蝌蚪口后咽喉部有一对深色斑。

多年前，科研人员发现，大蹼铃蟾皮肤分泌液中抗菌活性肽对革兰氏阴性和革兰氏阳性细菌以及真菌都有较强的抗菌活性，此活性肽还有很轻微的溶血活性，可以促进平滑肌收缩和增加微血管的渗透性，具有很好的药用前景。

▲ 大蹼铃蟾有着特殊的研究和医用价值。

近年的研究中更是发现大蹼铃蟾皮肤蛋白复合物具有激发组织修复的功能，与目前临床上广泛使用的表皮生长因子相比，该复合物不仅可以促进伤口愈合，还具有减轻创伤水肿、促进无疤痕愈合以及抵御耐药菌感染的特征，这为深入解析组织再生、修复及疤痕形成的分子病理机制提供了新思路和新线索。也许在未来的某一天，伤口的无疤愈合就需要靠它们的贡献来实现。

大蹼铃蟾目前可供饲养观赏。由于其在两栖纲无尾目中特殊的地位，研究人员希望它们作为另一类模式实验动物，拥有较高的研究前景。

鉴于铃蟾演化史的特殊性，以及大蹼铃蟾特殊的医学价值，研究人员正在对它们进行演化分类研究，用于医学组织再生和修复及疤痕修复的探索。

第四章 地栖蛙类

1. 国蟾代表——中华大蟾蜍（*Bufo gargarizans*）

蟾蜍是一种通过特化出毒腺以求自保的两栖动物。它们种类众多，全球分布很广。很多蟾蜍通过特化出毒腺以求自保，如我国常见的中华大蟾蜍、花背蟾蜍及黑眶蟾蜍等，而最具代表性的就是中华大蟾蜍了。

中华大蟾蜍，俗称"癞蛤蟆"，是中国分布最广的蟾蜍，与其他无尾目同类相比个头儿较大。它们体长 70～120 毫米，头宽大于头长，雌性略大于雄性。中华大蟾蜍皮肤粗糙，除了头部，背面布满了大颗的疣粒，眼睛后方长有一对椭圆形突起的耳后腺。它们白天隐蔽于泥穴、水沟及石头下，在凉爽的夜间出来捕食，捕食对象很广，包括蜗牛、蛞蝓、蚂蚁、蚊子、蛾子、蝇、蝗虫、甲虫、蝼蛄等。夏季夜晚，中华大蟾蜍会对路灯下被灯光吸引来的小虫进行伏击，通过"守株待兔"来填饱肚皮。

中华大蟾蜍的毒腺分皮肤腺和耳后腺，皮肤腺分布在后背，背部表皮有着突起的疣粒；耳后腺位于头侧鼓膜的上方，能分泌出一种有毒的白色液体。中华大蟾蜍只有在非常危急的时刻才会分泌毒液，在野外，当捕食者咬住它们时，中华大蟾蜍分泌的毒液马上令捕食者口中产生火辣辣的感觉，从而不得不将蟾蜍吐出来，毒素可作用于心脏和神经系统。对人而言，这种毒素并不致命，只要不碰到眼睛或伤口就不会有危险。

中华大蟾蜍有两大药用原材部位，一是蟾酥，二是蟾衣，都是极其珍贵的中药材。蟾酥就是蟾蜍耳后腺所分泌的白色浆液，蟾衣是蟾蜍的角质层表皮，均有奇特功效。

▲ 中华大蟾蜍有指名亚种、华西亚种和岷山亚种。

小知识

现代研究认为，蟾衣主要含蟾蜍二烯醇化合物，包括蟾毒配质及蟾蜍毒素，在医药上作用很大。它具有强心、兴奋、止痛、抗毒散肿和通窍的功效，主治各种疔疮、胃痛、腰痛、咽喉肿痛、慢性心脏衰弱和支气管炎等。蟾衣还有抗肿瘤、抗病毒等多种神奇功能，可用于治疗多种恶性肿瘤、肝炎、带状疱疹、肝腹水、肾病、乳腺增生、子宫肌瘤等疑难杂症。

▲ 中华大蟾蜍喜湿、喜暗、喜暖。白天栖息于河边、草丛、砖石孔等阴暗潮湿的地方，傍晚到清晨常在塘边、河岸、稻田沟壑、菜园等地觅食，尤其夜间和雨后最为活跃。图为北京市西城区莲花河畔雨后的中华大蟾蜍指名亚种。

2. 眼眶黑色的蟾蜍——黑眶蟾蜍
(*Duttaphrynus melanostictus*)

在广西及海南等地的夏夜，行走在路边，时不时有蛙类从路上跳向两边草丛中。戴上头灯，打起手电，会发现一只只蟾蜍，这些多是本地的黑眶蟾蜍。

黑眶蟾蜍在我国华南、华东地区广泛分布，它们活跃在平地及低海拔地区水源的附近。不同于水栖蛙类那脆而响亮的叫声，黑眶蟾蜍会高频而小声地叫着。它们体形不大，成体雄蟾体长平均 63 毫米，雌蟾为 96 毫米。

黑眶蟾蜍最大的特征是其黑色骨质脊棱，沿眼鼻腺延伸至上眼睑形成黑色的眼眶，故得名。黑眶蟾蜍体色一般为黄棕色，也有黑褐色及灰黑色，背部有些不规则的棕红色花斑，腹面胸腹部呈乳黄色且有深灰色花斑。它们皮肤粗糙，除头顶外全身布满粗糙的、大小不等的疣粒，疣上都有黑棕色的角质刺。骨膜大而显著，在眼后有一对特别大的突起腺体，这是耳后腺，也就是它们的毒腺。

▶ 黑眶蟾蜍白天多隐蔽在土洞或墙缝中，晚上活跃，出来活动，爬向河滩及水塘边捕食昆虫。

◀ 黑眶蟾蜍眼睛周围有一圈黑色突起，好像戴了黑框眼镜，所以被称为黑眶蟾蜍。分类上与中华大蟾蜍很接近，形态上中华大蟾蜍同体形个体头部较黑眶蟾蜍更宽。

◀ 黑眶蟾蜍白天多隐蔽在土洞或墙缝中，晚上爬向河滩及水塘边。

3. 背部花色的蟾蜍——花背蟾蜍
（ *Strauchbufo raddei* ）

在我国北方的草原池沼，生活着一种背部花色的蟾蜍，即花背蟾蜍。

花背蟾蜍平均体长 60 ~ 70 毫米，雌性稍大。它们头宽大于头长，鼓膜显著呈椭圆形。

成体花背蟾蜍雌雄差异明显：雄性蟾蜍皮肤粗糙，头部及背部的疣粒多，背部多呈橄榄黄色，有不规则的花斑。雌性耳后腺大而扁，四肢及腹部较平滑，头后背正中常有浅绿色脊线，上颌缘及四肢有深棕色花纹，背部多呈浅绿色且相对光滑，布满深褐色花斑，疣粒较少，疣粒上有红点，体色明显比雄性更加鲜艳。单看外观，雄性皮肤较粗糙，前肢粗壮，内侧三指基部有黑色婚垫，有单咽下内声囊。花背蟾蜍因其背部的花色，在两栖界蟾蜍家族中颜值属上乘。

小知识

蟾蜍并不通过声囊发声，而是通过声带发声，声囊是它们的共鸣腔，起到放大声音的效果。雄性花背蟾蜍有着发达的单咽下内声囊，雌性没有声囊，只有声带，因此交配时节，在草原湿地，发出呱呱洪亮叫声的为正在抱对的雄性花背蟾蜍。

花背蟾蜍白昼多藏居于草石下或土洞内，黄昏时会外出进行觅食。七、八月，正值高温多雨季节，草原上植物生长茂盛，昆虫繁多，也为花背蟾蜍提供了丰裕的食物来源。小到飞蛾蚊虫，大到爬虫甲虫，都是它们的美食。和大多地栖蛙类一样，花背蟾蜍的眼睛对移动的物体非常敏感，一旦发现昆虫，就迅速接近，看准时机，一口吞入。有时它们需要通过前肢协助将猎物吞入口中。

夏秋交接，多雨季节，草原上低洼地会变成一个个小水塘，花背蟾蜍也会利用机会繁衍后代。产下的蝌蚪呈深灰色，尾鳍呈乳白色，当后肢发育良好时，全长 30～50 毫米。

▲ 花背蟾蜍的游泳和跳跃能力略强于中华大蟾蜍和黑眶蟾蜍。

到了冬季，花背蟾蜍成群穴居在土壤中进行冬眠。

花背蟾蜍主要分布于黑龙江、吉林、辽宁、内蒙古、青海和山东等地。生境内土壤多为黑钙土、栗钙土和砂质土，有着大面积的旱生草本植物。

▲ 花背蟾蜍白昼多藏居于草石下，黄昏时会外出觅食。

森林草原景观是温带的地带性景观，其特点在于在灰色森林草原土壤上有以针叶树为主的密荫的森林与黑钙土上的草本草原相交错。而现今，大部分地区已被开垦。花背蟾蜍的生境也由于人类活动破碎化，这对它们的生存是很大的挑战。如今，花背蟾蜍已被列入国家林业和草原局 2023 年 6 月 26 日发布的《有重要生态、科学、社会价值的陆生野生动物名录》。

4. 西北特有——塔里木蟾蜍（*Bufotes pewzowi*）

绿蟾蜍是蟾蜍家族中颇具代表性的一类，分布区域由北非、地中海和欧洲西部，向东横跨俄罗斯经中亚大陆直至我国新疆和内蒙古西部。该物种模式产地在奥地利，而我国绿蟾蜍为分布在新疆的塔里木蟾蜍。

我国幅员辽阔，而新疆地处亚洲内陆干旱地区，两栖动物特别是蛙类十分稀缺，塔里木蟾蜍是这里极具代表性的两栖动物。塔里木蟾蜍常见于沼泽水坑、沙漠边缘绿洲以及半咸水。其生存的海拔上限是 4500 米。

塔里木蟾蜍亲缘关系中，新疆南部的为指名亚种；北疆、东疆的为塔里木蟾蜍北疆亚种；帕米尔、塔什库尔干高原分布的为帕米尔蟾蜍，在过去曾被视作塔里木蟾蜍的亚种。

塔里木蟾蜍背部有着大而密的瘰粒，体色以灰或浅褐色为主，背部的点为绿色，腹部为白色或浅灰色。随着温度和光线的变化，塔里木蟾蜍的体色也会改变，而且变色的幅度比其他多数蟾蜍更明显。它们体长为 48～122 毫米，一般雌性大于雄性，雄性食指上有婚垫，且雄性前肢相对更粗壮。

塔里木蟾蜍胃口很大，吃各种节肢动物等无脊椎动物，如蟋蟀、蚯蚓、飞蛾、毛虫等，见到蝼蛄也会来者不拒，尤其钟爱捕食蚁类。一旦发现猎物，塔里木蟾蜍会迅速扑上，用翻卷的舌头粘住猎物，继而吞入腹中。塔里木蟾蜍的颈部腺体和背部瘰粒可以分泌刺激性气味很强的毒素，当感受到威胁时，会通过毒素自保。

塔里木蟾蜍非常耐高温，在新疆一些地区，生存环境无时无刻不在考验着它们，有时温度上升到 40℃它们依然能承受，同时这些蟾蜍对干燥的耐受力也非常强，体内失去 50% 的水分时才会死亡。在干燥地区如戈壁和沙漠边缘，它们白天会躲避在大沙鼠等啮齿动物的巢穴或土缝中，夜间温度下降后，寻找水体补水。

塔里木蟾蜍的交配期在五月，蟾群聚集于水洼或不流动的浅水域，如池塘、沼泽、湖泊、溪流以及人工水坑，昼夜鸣声不断，尤其夜间最甚。一次可产 2000 ～ 30000 枚卵，之后长成小蝌蚪。小蝌蚪在蜕变为幼蛙后，会从出生的小池塘水洼中散去，迁徙的小蟾蜍们汇聚成庞大的队伍，以大队的形式移动。

到了十月中下旬，塔里木蟾蜍入蛰，它们在土穴、树根之下、鼠洞、菜窖冬眠，有时可以发现一个穴内蛰伏着数十只塔里木蟾蜍。

▲ 在准噶尔盆地和塔里木盆地，沿盆地边缘，水湿条件良好的绿洲里，能发现塔里木蟾蜍的身影，而荒漠、半荒漠地带也属于它们的活动范围。

◀ 塔里木蟾蜍可以在
城市边缘生存，甚至
可以从干扰的生境中
获益，包括水库、沟
渠等。蝌蚪会在水塘
中捕食有机碎屑，而
刚变态发育的小蟾蜍
捕食鞘翅目、双翅目
小昆虫。

◀ 塔里木蟾蜍还能
沿着河谷到山地针叶
林边缘繁殖。这些都
是其他蛙类不具备的
本领。

▶ 塔里木蟾蜍体色以灰或浅褐色为主，在生境中是很好的保护色，在地面不易被发现。

5. 大洋彼岸——湾岸蟾蜍（*Bufo valliceps*）

在太平洋彼岸的美国，有一种湾岸蟾蜍，它们在当地所处的生态位类似于我国的中华大蟾蜍。

湾岸蟾蜍在美国东南部至墨西哥东部数量很多，栖息于湾岸边的草地或防沙林至侧沟间的各种区域，尤其喜好较为潮湿的场所，包括田内、石头下或土坑内。在美国路易斯安那州，笔者曾在枯叶下、瓦砾砖石下，甚至花盆下找到它们的踪影。它们在被人类到处转运之前生活在亚热带森林的水边，可以在多种环境下生存，如人工池塘、花园、垃圾堆、排水管道，以及破旧的房屋等。它们可生活在干燥环境中，但需在附近的浅水中繁殖，而且有一定的耐盐性。

湾岸蟾蜍体色以棕褐色为主，头后背正中常有黄色脊线，腹部为白色或浅灰色并有黑色斑点。成体蟾蜍体长 48~120 毫米，一般雌性大于雄性，雄性食指上有婚垫，且雄性前肢相对更粗壮。

三至九月为湾岸蟾蜍的繁殖期，它们所产的卵块呈长细绳状，整体约 3 厘米，内含 5~10 枚卵。

◄ 湾岸蟾蜍喜好潮湿的场所，枯叶下、瓦砾砖石下，甚至花盆下都能找到它们。

◄ 湾岸蟾蜍腹部为白色或浅灰色并有黑色斑点。

▲ 湾岸蟾蜍头部略呈三角形，颈部不明显，前肢较短，后肢发达，具有蹼，适于跳跃或游泳。

▲ 美国南部蟾蜍（上）和湾岸蟾蜍（下），二者部分栖息地重叠。

▲ 美国南部蟾蜍（*Anaxyrus terrestris*），皮肤的颜色呈棕、红、橙色，甚至近黑色。在背面的中间偶尔可以看到一条光带。

6. 瘾君子的最爱——科罗拉多沙蟾蜍（*Incilius alvarius*）

两栖动物中，有一种蟾蜍能令嬉皮士和瘾君子们欣喜若狂，那便是科罗拉多沙蟾蜍，简称沙蟾蜍。

沙蟾蜍分布在美国西南到墨西哥北部，英文有两种叫法，一种是科罗拉多河蟾蜍（Colorado River Toad），另一种是索诺兰沙漠蟾蜍（Sonoran Desert Toad），但当时人们把两个分布地域混淆了，变成"科罗拉多沙蟾蜍"，之后该名字一直沿用。

沙蟾蜍体长 100～190 毫米，有一定的变色能力，从亮绿到深绿，背部有黄色或橘色的小点，而环境温度以及个体状态都是其变色的原因。它们的表皮不像其他蟾蜍那般粗糙，而是相对光滑，因此可以算是颜值很高的蟾蜍。眼睛后方有两个毒囊凸显了蟾蜍的真实身份。与其他蛙类相比，雄性沙蟾蜍鸣囊不发达，叫声相对短且低沉。雄性沙蟾蜍前肢大拇指内侧有黑色老茧（婚垫）。

沙蟾蜍的食性很复杂，昆虫、小型爬行动物如蜥蜴甚至小鼠，它们都来者不拒。沙蟾蜍很长且带有黏液的舌头有助于它们捕食。

夏季阵雨后，沙蟾蜍会在水池中产卵。约一个月后，黄褐色的蝌蚪变成小蟾蜍开始上岸，并在陆地上活动。

传统意义上的蟾蜍都有毒，但不同蟾蜍间稍有区别，海蟾蜍的毒素和中华大蟾蜍的毒素都属于蟾毒素，有致死效果，而目前已知只有沙蟾蜍具有致幻毒素 5-MeO-DMT。

在嬉皮士的年代，有些嬉皮士为了寻求刺激而舔沙蟾蜍表皮的毒腺，获取迷幻效果，所以一些地区出台了相关法律，可以饲养沙蟾蜍但不能提取毒素。

很多狗由于无意舔了沙蟾蜍的毒腺导致上瘾。沙蟾蜍所分泌的复合型天然毒液也是致幻的，里面包含了肾上腺素、多巴胺，还有一种致幻、致瘾程度并不比海洛因差的物质——蟾毒色胺（Bufotenin），使得宠物狗沉浸在这种天然毒素带来的快感中。

◀ 沙蟾蜍体长 100 ~ 190 毫米，有一定的变色能力，从亮绿到深绿，背部有黄色或橘色的小点。

◀ 沙蟾蜍在野外生活在沙漠和半干旱地区。它们是半水生的，通常在溪流附近，以及运河和排水沟渠被发现。因为经常在干涸的地区生活，它们甚至进化出了身体快速吸水的本领。

▶ 沙蟾蜍昼伏夜出，叫声响亮刺耳。

▶ 一些地区出台了相关法律，可以人工饲养沙蟾蜍，但不能提取毒素。

蛙类大世界

7. 蟾蜍中的大块头——海蟾蜍 (*Rhinella marina*)

现今在澳大利亚，活跃着一种体形巨大而又贪吃的蟾蜍——海蟾蜍。它们是无尾目里体形第三大、蟾蜍家族中体形最大的物种，最大个体肛吻距将近400毫米。如今海蟾蜍在澳大利亚泛滥的同时不断进化，引发了当地十分严重的生态问题。

◀ 海蟾蜍是世界上最大的蟾蜍，世界第三大蛙。成体平均体长150～200毫米，雌性更大，最大近250毫米。野生状态下雌海蟾蜍的重量常常超过1千克。

海蟾蜍的原产地在中美洲，由于可以消灭甘蔗里的害虫，人们也将其称为蔗蟾蜍。最初，在澳大利亚的甘蔗地里，有一种叫甘蔗蛴螬的甲虫十分泛滥，啃咬着甘蔗的根系，当地种植户深受其害，急切地探索着遏制这种甲虫的办法，以保障他们的甘蔗产量。1935年，昆虫学家带来了102只海蟾蜍，放生到昆士兰北部，信心满满地盼着这些海蟾蜍遏制甘蔗蛴螬。果然，这些贪吃的"饕餮"们从一开始便没有让昆虫学家和种植户们失望，它们在澳大利亚富饶的土地上似乎找到了更适合自己的伊甸园。

但是很快，除了甘蔗地里的甲虫，当地其他节肢动物，蛙类、啮齿类动物甚至蝙蝠和鸟类，都成了这些体形巨大的海蟾蜍的口粮。在野外，海蟾蜍白天隐蔽在泥穴、水沟及石头下，在凉爽的夜间出来捕食。只要能吃进嘴里，它们几乎无所不吃，特别擅长在夜间进行伏击，通过"守株待兔"来填饱肚皮。而在四面环海的澳大利亚大陆，海蟾蜍天敌的数量完全不足以构成太大威胁，于是它们的数量不断增长，发展到了15亿只，占领了100多万平方千米澳大利亚的土地。在人类居住区，海蟾蜍还肆无忌惮地闯入人们的庭院，甚至猫粮狗粮也毫不挑剔。

海蟾蜍的毒腺发达，有着十分强大的自卫能力。海蟾蜍的毒腺分为皮肤腺和耳后腺，皮肤腺分布在后背，背部表皮有着突起的疣粒；耳后腺位于眼睛后头侧鼓膜的上方，能分泌出一种白色液体——蟾毒素，但凡捕食者一口咬上，马上产生火辣辣的感觉，从而不得不将它吐出来。比起其他蟾蜍，它们产生的毒液毒性更强，毒液可通过受害者的眼睛、嘴和鼻子进入体内，导致剧痛、暂时失明和发炎，特定情况下处理不及时甚至致命。这原本是海蟾蜍在充满生机的亚马孙雨林里特化出的生存本领，用于抵御美洲鳄等，却由于海蟾蜍在澳大利亚的泛滥，成为澳大利亚目前最为严重的生态问题之一。

近期研究还发现，海蟾蜍有着强大的适应能力，在澳大利亚不断进化，比起原产地，这里的海蟾蜍体形更大且攻击性更强。它们从小就互相蚕食，绝大多数幼体在长成成体前，就会被同类吃掉，这也促使海蟾蜍加快发育，加速生长。

海蟾蜍的繁殖能力非常强，雌性海蟾蜍一次可以产下8000～30000枚卵，一般48小时卵可以孵化出黑色的蝌蚪，如果温度高一些最快14小时就可以孵化出蝌蚪，由蝌蚪再长成蟾蜍幼体，仅4周就完成了。它们一旦由卵孵化成蝌蚪，立刻进入拼命生长发育的模式，这时周围的卵成为它们最好的食材，吃掉同类加速生长，同时避免被吃，这就是它们进化的机制。而且它们在任何时候都会互相蚕食，小蝌蚪吃未孵化的卵，大蝌蚪吞吃小蝌蚪，加速发育，更快地成熟。这种严重的"内卷"使99%以上的卵和蝌蚪都被同类吃掉了。

目前很难做到消灭海蟾蜍，只能采取一些措施降低它们的密度，以减轻海蟾蜍对当地其他两栖类的生存威胁与生态破坏。而生物入侵所带来的问题，更加需要引起人们的注意。

▼ 海蟾蜍皮肤干燥，密布疣粒，眼睛上明显起脊，直斜向吻部。它们体呈灰色、黄色、红褐色或橄榄褐色，有不同的斑纹。眼后有很大的腮腺。腹部呈奶白色，有黑色的疙瘩。后肢趾间基部有肉质的蹼，前肢没有蹼。

▲ 海蟾蜍并不是水生的，而是全陆生动物，只有在繁殖时才会走到水边。蝌蚪可以在 15% 盐度的海水中生存。

▲ 海蟾蜍的毒性很强，毒液可通过受害者的眼睛、嘴和鼻子进入体内，导致剧痛、暂时失明和发炎。

蛙类大世界

8. 大山里的"蛤士蟆"——林蛙（*Rana*）

　　林蛙属有 17 种林蛙，其中东北林蛙"蛤士蟆"最为有名。林蛙是我国北方林区可以见到的陆栖习性蛙类，细分为中国林蛙、东北林蛙和高原林蛙。

　　林蛙主要生活在海拔 200～2100 米的山地、植被丰茂的静水塘或山沟附近。以水源（山溪、河流）为中心，其活动范围在 1000 米左右，善于跳跃，行动敏捷，多以小型节肢动物为食。

　　在九月下旬，林蛙会从森林、草地向水源地进行迁移。随着气温不断下降，到九月末十月初，林蛙会进入浅水区。而到十月下旬林蛙便潜入深水区进行冬眠，直至第二年三月逐渐开始出蛰，随后繁殖产卵，新的生命周期便开始了。林蛙一次产下 600～2000 枚卵，之后蝌蚪生活在溪流缓流处，2 个月后变成幼蛙。

　　中国林蛙和东北林蛙是具有重大经济效益、科研价值、生态意义的陆栖蛙类。

◀ 中国林蛙雌蛙体长 70～90 毫米，雄蛙略小；头较扁平，吻端钝圆，吻棱较明显。背侧褶在鼓膜上方呈曲折状；后肢长为体长的 185% 左右，有一对咽侧下内声囊。

▲ 林蛙油是集食、药、补为一体的纯绿色珍品。目前捕捉野生林蛙的人越来越多，人为的乱捕滥杀，使野生的中国林蛙资源越来越少，甚至面临灭绝的危险。

蛙类大世界

9. 蛙中巨无霸——非洲牛蛙
（*Pyxicephalus adspersus*）

一些蛙以体形取胜，有着巨大的身躯和蛮力，彰显张扬的个性，在栖息地里鲜有"天敌"。这类蛙的代表为非洲牛蛙，也叫非洲牛箱头蛙。

非洲牛蛙是世界上体形第二大的蛙，成体体长轻松超过200毫米。与大多数蛙类雌性体形大于雄性不同，非洲牛蛙雄性体形远大于雌性，同时雄性相对雌性头部显得更宽大。成体非洲牛蛙的背部呈翠绿色或墨绿色，下腹至下巴呈乳白色，其间分布着一些灰褐色斑。成体腋下呈深橘色，雄性体侧有大范围的黄色，有时会延续至喉咙，而雌性仅腋下有一部分黄色区域。雄蛙能发出响亮的叫声，用于求偶和恐吓敌人。它们分布在非洲撒哈拉沙漠以南的大片区域，一般活动于大雨形成的积水塘或湿润的灌木林地。

非洲牛蛙有着强有力的下颚，也是异常贪吃的家伙。在原栖息地，它们似乎无所不吃，包括鸟类和啮齿类动物等，这也是大型蛙类的生存之道。

自然界多数蛙类产卵后，雌雄蛙便各自离开，留下的卵要长大生存，全靠自己。自然界是残酷的，它任由大地上的孩子每天直面生与死的考验；自然界又是仁慈的，它创造了父母。

非洲旱季来临，炽热的阳光烤干了一条条小溪，而池塘里的水也越来越少。非洲牛蛙的蝌蚪宝宝们在池塘、小水洼里不断扭动着身体，非洲牛蛙爸爸会守着蝌蚪们。随着时间的推移，小池塘的水越来越少，蝌蚪们就像煮沸的水一样扑腾。非洲牛蛙爸爸此时顶着烈日，化身"堤坝破坏者"，靠着强壮的后肢，生生挖出一条通道，将蝌蚪们引入更大的池塘，蝌蚪们顺着爸爸开辟的生命通道，游向大池塘，奔向新生。非洲牛蛙爸爸的护子本能，大大提升了下一代的存活率，这也许就是生命得以延续的真谛。

▶ 非洲牛蛙的自然栖息地是热带和亚热带的稀树草原、湿草原、灌木丛、间歇性淡水湖泊和沼泽、耕地等。

▶ 非洲牛蛙在繁殖期间会聚集在雨季形成的水塘中，雄性之间相互较劲，争夺中会碰撞身体，使出神技"坦克撞"。

蛙类大世界

◀ 非洲牛蛙是食肉性蛙类，极具攻击性，一次最远能跳出3米以上，它们对运动的物体敏感，会向跳跃范围内的任何活体动物猛扑过去。非洲牛蛙有齿突状的牙齿。

◀ 面对非洲热辣的太阳，非洲牛蛙会形成不漏水的茧状，防止自己变干。

▼ 侏儒非洲牛蛙是非洲牛蛙的亚种。就目前而言，箱头蛙属有3个亚种，除了我们熟知的非洲牛蛙外，还有2种侏儒非洲牛蛙，分别是卡拉布雷西侏儒非洲牛蛙以及爱蒂宝侏儒非洲牛蛙。

10. 色彩绚丽的蛙——角蛙（*Ceratophrys*）

生命起源于海洋，而文明起源于生物登陆。随着鱼类逐渐向两栖动物过渡，以鱼石螈为代表的两栖动物爬上了陆地，尽情地呼吸着空气，之后很快涌现出大量两栖动物，也包括蛙类的祖先。它们幼体生活在水中，成体则需生活在近水的潮湿环境中，因此也是由水中生活向陆地生活进化过程中形成的过渡类型群。

三叠纪时期，蛙类的祖先逐渐发生进化，它们凭借强有力的短短的后腿完成短途跳跃动作，不仅如此，它们进化出较大的口腔和细小的牙齿，通过绞住猎物进食，从特征上已接近现存的角蛙。

大约在7000万年前的白垩纪后期，活跃着角蛙的祖先——魔鬼蛙，又叫魔鬼蟾蜍。21世纪初，欧洲科学家挖掘到一副长度为406毫米的魔鬼蛙化石，科学家估算这种蛙活着的时候体长要有43～45厘米，拉伸开全长超过1米。有4～5千克甚至更重。该蛙有牙齿，其骨头上的起伏则显示它可能有某种骨质

► 角蛙的祖先——
魔鬼蛙

"甲胄"，分布于白垩纪中后期的东非大陆和亚欧大陆。魔鬼蛙引起科学家兴趣的另一个重要原因是，研究显示它极可能是南美洲现存角蛙的"祖先"。

角蛙骨子里可是非常具有攻击性的，特点就是一张大嘴占满了整张脸，毕竟它们可以说是每时每刻都在进食。角蛙捕食时，整个身体都会协调运作，当猎物出现在捕食范围内，角蛙四肢用力往后一蹬，将身子"弹射出去"，同时伸出舌头粘住猎物，并用有力的大嘴咬紧猎物，随后将猎物吞下。在吞的过程中向下咽。

角蛙是肉食性动物，在原生地它们主要以昆虫、蠕虫、节肢动物、蝌蚪、蛙类、小型爬行动物和少量小型哺乳动物等为食；它们捕猎的方式为"守株待兔"式：长时间静静地等待着猎物经过，然后伺机吞下。角蛙在陆地上使用舌头捕捉猎物，在水中直接用下颌捕捉猎物。

角蛙极爱挖掘洞穴并将自己半掩藏于其中，人工环境下可以使用微湿润不粘手的泥炭土、树皮或椰壳等铺底，再使用土壤、椰土、泥炭土或苔藓等铺在上方；总体底材厚度根据蛙的大小而有所不同，幼蛙一般铺设 2 厘米左右的垫材为宜，亚成体和成体为 5～8 厘米。

角蛙的嘴里是有牙齿的，这也许是其祖先留给它们保护自身的武器，应注意的是一定不要从蛙的前面抓蛙，否则多数种类的角蛙都会毫不客气地咬手指。笔者先前喂食时常被它们咬住手指，特别是成蛙，一旦咬住轻易不肯松口，还会设法继续往里吞。每次想办法把手放到水盆里慢慢抽出后，手指往往会留下两排血印。好在角蛙无毒，被咬伤也只需用清水冲洗伤口再进行简单的处理即可，但还是尽量不要去招惹它们。

原产地的夏天，角蛙能在池塘产下 200～1000 枚卵，蝌蚪 20～32 天就能上岸。一些资料显示，角蛙蝌蚪能互相交流，当受到捕食者攻击时，会发出遇险信号，警示同伴。人工繁殖环境下，角蛙同样保持了高产卵率。繁育难点是角蛙交配和蝌蚪阶段，比如，雄蛙抱对时间非常短，雄蛙、雌蛙发情不容易同步，蝌蚪的互相攻击性非常强。

小知识

蛙类独特的吞咽方式：眼睛一闭一睁，食物进肚。事实上，很多无尾目蛙类都是这样，吞咽大的食物时候无法靠舌头辅助，因此使用眼球来把猎物"推"进消化道，吞咽时眼球会下沉至口腔，好像在闭眼一样。通过这个运动，顺利吞咽猎物。

10.1　钟角蛙（*Ceratophrys ornata*）

南美洲的亚马孙原始森林草丛中，活跃着多种角蛙。钟角蛙是其中最为奇特的一种，全身布满触感奇异的疣状结构，有着宽大的嘴部、健硕的四肢、肥胖的肚子以及圆溜溜的眼睛，眼睛的上方还呈现出尖角状突起……看起来，全身上下无不显示出滑稽逗趣的样子。

▶ 钟角蛙有着绚丽的体色，底色多为绿色或褐色，上有红色、深棕色、深绿色或黑色的斑点与纹饰，腹部为黄白色。

为什么我们叫它钟角蛙？名字的由来颇有渊源：钟角蛙的英文名字叫"Bell's Horned Frog"，Bell 是发现人的姓氏，严格说应该称之为贝氏角蛙；按照学名 *Ceratophrys ornata* 来翻译，叫饰纹角蛙；按分布的地理位置命名，则叫阿根廷角蛙。而"钟"其实是英文"Bell"的意译，显然是当时的翻译者没有注意到"Bell"其实是个姓氏，闹出了小错误。久而久之便成了现在广为使用的钟角蛙，而恰恰雄性钟角蛙在夏季夜晚的叫声像钟声，下颌的黑色声囊一鼓一鼓地发出响亮的声音，"私蛙鸣鼓吹，官柳舞腰支"可谓贴切传神。

◀ 钟角蛙非常具有攻击性，特点就是一张大嘴占满了整张脸。

性情凶猛的钟角蛙会主动扑食身边一切可以塞进嘴里的小动物。钟角蛙的捕食风格是贪得无厌，它们习惯吞下所有能够入口的猎物。当它们遇到威胁时也会极力反击，发出"嘶嘶"的尖叫声，警示入侵者：请勿靠近！它们丰富多变的色彩花纹、鲜明的个性与独特的魅力，吸引了大批忠实粉丝。它们会吞下靠近的猎物。根据解剖原产地的个体得知，它们的食物里78.5%是两栖纲无尾目，11.7%为鸟类，7.7%为小型啮齿类动物，0.8%为蛇类，剩下的1.3%的食物来源就比较复杂了。

▶ 钟角蛙猎捕的方式为"守株待兔"，长时间静静地等待着猎物经过，然后伺机吞下。它们极爱挖掘洞穴并将自己掩藏于其中。

　　钟角蛙分布在中南美洲的阿根廷、乌拉圭和巴西（南里奥格兰德州），主要居住在气候温暖略干燥、海拔500米以下的草原浅水水域以及灌溉农田和水渠中。和其他角蛙种相比，钟角蛙体形较大，目前记录最大的雄性体长115毫米，雌性体长165毫米，这个体长在普遍体形偏大的角花蟾属中，是数一数二的，体形宽圆胖，吻部圆润。论外形，它是角蛙类最像游戏《吃豆人》角色的，因此美国人也将其称为"PACMAN"（吃豆人）。它眼睛上方也有角蛙类特有的角状突起，身体底色多为绿色或褐色，上有红色、深棕色、深绿色或黑色的斑点与纹饰，腹部黄白色，除此之外还有一些色彩斑斓的变异品种。即使是同一窝钟角蛙也会出现千变万化的花纹形状和色彩分布，你几乎无法找到两只花纹颜色完全一样的钟角蛙。而背纹的一般分法就是龙纹和碎花。钟角蛙背部中心的纹路连到一起，形成两条大粗条就是龙纹（只有一边相连就是半龙纹）；碎花则相反，背纹全部散开，形成小斑块。

◀ 钟角蛙有着鲜艳的体色和斑斓的花纹，图为红钟角蛙。

钟角蛙野生个体平均寿命为 6 ~ 7 年，人工圈养个体或可以活至 10 年以上。由于栖息地遭到破坏，土壤和水质污染逐年加剧，再加之宠物贸易对野生个体的大肆收集，野生种群数量呈下降趋势。在某些落后的南美洲原产地区，钟角蛙由于其鲜艳的外表被误认为有毒，当地人企图消灭它们，再加上当地的农业、工业与城市化的发展，在原产地（阿根廷和乌拉圭）已很难发现它们。钟角蛙被《世界自然保护联盟濒危物种红色名录》列为近危物种。

10.2　霸王角蛙（*Ceratophrys cornuta*）

霸王角蛙，也叫亚马孙角蛙或苏利南角蛙，原生地在亚马孙河流域的中部。现分布于哥伦比亚、厄瓜多尔东部、玻利维亚北部、巴西、委内瑞拉南部。

霸王角蛙眼上突起是角蛙家族中最明显的，背部有蝴蝶状

▶ 霸王角蛙

的花纹，体色有褐、橘、绿、灰白等。嘴比较尖，嘴上一般有"人"字形斑纹，喉部呈整片深黑色，口腔内为白色，后肢有发达的蹼。喜栖于落叶林中，以哺乳类、大型昆虫为食。大雨后会聚集在大水洼产卵。一卵块内约有500枚卵。

10.3 蝴蝶角蛙（*C. cornuta × C. cranwelli*）

蝴蝶角蛙是钟角蛙和霸王角蛙杂交的个体，非野生，一般体色为橘红色、咖啡色、绿色和以上多种颜色的杂色，斑纹颜色较深，而两边辐射一般不对称。眼上突起明显，这一点和霸王角蛙类似。嘴比较尖，下巴非全黑，有点状斑纹，而这也是区分其与霸王角蛙最直接的方法。

◀ 蝴蝶角蛙

10.4 南美角蛙（*Ceratophrys cranwelli*）

南美角蛙是角蛙家族最大的一个支系，包括原色南美角蛙、绿角蛙、薄荷角蛙、宇治角蛙、黄金角蛙、皮卡丘角蛙和蛋黄角蛙等。其中原色南美角蛙身体呈矮胖的模样，好似一只粽子，嘴巴很大，全身皮肤布满细长的疣粒。雄性体长100毫米，雌性可达130毫米。原色南美角蛙经常把身体半埋于土中，是等待猎物上门的埋伏型狩猎者。

▶ 原色南美角蛙好似一只粽子，嘴巴很大，全身皮肤布满细长的疣粒，图中是雌性原色南美角蛙。

◀ 人工培育的粉雪品系角蛙。

▶ 人工选育培育出的各色多样的角蛙（图中左为草莓角蛙，右为黄金角蛙）。

蛙类大世界

原色南美角蛙肤色艳丽，呈棕色或浅黄色，头上有角状突起，外形狰狞可怕，性情也极残暴。它除了捕食昆虫、小鸟等外，还以同类为食，许多性情较温和的蛙通常是它们的口中之物。角蛙在幼蛙时期就很残暴，它们也会捕食其他蛙类的幼蛙。

绿角蛙（*Ceratophrys cranwelli*）是最普遍、价格最亲民的宠物角蛙了，也是南美角蛙的品系之一。与多数角蛙相似，绿角蛙眼上方有小的突起，而嘴和头部同宽。雄性绿角蛙成体肛吻距为 80 ～ 120 毫米，雌性绿角蛙略大，成体肛吻距为 90 ～ 130 毫米。

绿角蛙通体为绿色，背部通常有棕色的斑块，这些暗色斑块方便它们在草丛和洞穴里伪装，以躲避天敌和捕猎。大多数时间，绿角蛙都在石缝或泥沼洞穴中休息。此外，绿角蛙入眠时体表会有一层厚厚的黏液，完成睡眠苏醒后，绿角蛙会利用前后肢协作摆脱保护躯体的黏膜，并吃掉黏膜。

◀ 绿角蛙通体绿色，背部有褐色斑块。

10.5 波子角蛙（*Chacophrys pierottii*）

波子角蛙也叫查科角蛙，在所有角蛙中体形最娇小，体长仅 45 ～ 55 毫米。它们分布在南美洲阿根廷北部丛林中，自然栖息地是干燥的灌木和森林。在旱季，成体的波子角蛙通常会将自己埋在地下，等到雨季的第一次暴雨出现，才钻出土壤寻找池塘交配繁殖。主食昆虫、其他小型蛙和鱼类。

▶ 波子角蛙体形娇小。

蛙类大世界

11. 生性害羞的"圆胖子"——姬蛙科（Microhylidae）

姬蛙科是无尾目的一科，由于形态特征多样性比较高，被高度细化分为 11 个亚科 65 属超过 580 种，其属的数量是两栖动物中最多的。姬蛙科多是小型蛙类。

◀ 姬蛙科多是小型蛙类，也有少数身长达到 80～90 毫米。多数姬蛙为陆栖习性，也有一些为树栖成员。中国常见的姬蛙科物种主要有饰纹姬蛙、花姬蛙、云南小狭口蛙、四川狭口蛙等，图为四川狭口蛙。

11.1 番茄蛙（*Dyscophus*）

在浩瀚的印度洋上有一个巨大的岛国，即马达加斯加。这座岛屿隔莫桑比克海峡与非洲大陆相望，全岛由火山岩构成。在约 88 万年以前，马达加斯加由于板块运动从印度分离逐渐漂移至此。由于长期与非洲大陆隔离，因此岛上出现了相对独特的动植物群。据目前统计，大约有 90% 的马达加斯加动植物物种是这座岛屿上所独有的，因此有一种观点称此地为第八大洲。

有一些动物看起来像来自另一个星球，其中就包括番茄蛙。

如今，已被发现的番茄蛙有三种：安东吉利暴蛙、假番茄蛙或锈番茄蛙、灰番茄蛙。由于前两种番茄蛙的体色都有着耀眼的红橙色色调，因此受到更多关注，而灰番茄蛙的体色偏灰棕色，是三种番茄蛙中最暗淡的。

▶ 番茄蛙体色为橘红色甚至接近红色，四肢短小结实，身体滚圆，看上去就像一个番茄。

番茄蛙在当地是一种大型的蛙类，雌蛙肛吻距为 90～95 毫米，雄蛙肛吻距为 60～65 毫米。番茄蛙的体色十分鲜艳，雄蛙体色为黄色过渡到橘色，雌蛙体色为橘红色甚至接近红色，四肢短小结实，身体滚圆，看上去就像一个番茄。马达加斯加岛上的土壤偏红，很多地方以红色调为主，因此马达加斯加也被称为大红岛。而周身通红的番茄蛙似乎与岛屿达成了默契，色调上遥相呼应。

▶ 番茄蛙多栖息在水域面积较小的水塘附近，因为这一区域是生物物种最丰富的地区，这里能够为番茄蛙提供充足的食物。

蛙类大世界

番茄蛙浑身的鲜艳色彩极易被当作带有剧毒的警告，类似肤色鲜艳的幽灵箭毒蛙一样，警告着捕食者不要招惹它们。当番茄蛙遭遇威胁的时候，它会像蟾蜍一样把自己的身体鼓起来威吓敌人。若它遭受攻击，它的体表会分泌一种带有很强黏性的白色液体，就像超强胶水，会使攻击者感到疼痛但并不致命。

在马达加斯加东部的沿海热带雨林带，降雨量大而没有真正的旱季。番茄蛙最适宜的生存温度是 18 ~ 26.7℃，番茄蛙栖息于海拔 200 米以下的沼泽和水塘里。这里缓慢的溪流会形成池塘，番茄蛙在这里交配、产卵、孵化。番茄蛙一般在春夏的雨季进行交配。这时，成年的雌性番茄蛙会展现出非常引人注目的红橙色，仿佛真正变成了一个熟透了的番茄，这也是番茄蛙名字的由来。它们成长迅速，一年内就能长成成体大小，雌蛙达到性成熟只需要两年左右（雄蛙稍短）。番茄蛙在无尾目中寿命较长，寿命能达到 10 年以上。

自然环境中，番茄蛙是穴居物种，非常喜欢挖掘，并喜欢伏击猎物。番茄蛙挖坑的时候臀部朝后，一坐一坐地用臀部使劲，不久便陷在土中或落叶里。番茄蛙对于不会爬行的食物，通常不感兴趣，主要以昆虫为食。用胆大包天来形容捕食中的番茄蛙毫不为过，幼体番茄蛙遇到哪怕是和自己体形一样大的蛐蛐也敢进攻。它们是"守株待兔"式的狩猎者，并不到处寻觅食物，

▼ 从幼体到性成熟，番茄蛙经历了从黄色到棕褐色再到红色的颜色变化。

而是潜伏起来耐心等昆虫经过它的面前，一口吞下。番茄蛙吃起东西来从不拖泥带水，小口一张，眨眼间小虫就没了，连吞咽的动作都没有，这全归功于它们那了得的舌功。

　　这个物种被公布发现后，早期很多饲养爱好者开始对这个物种进行宠物交易，在20世纪90年代，数以万计的番茄蛙被捕获出口，再加上它们在马达加斯加的栖息地的丧失，直接导致番茄蛙中的安东吉利暴蛙（*Dyscophus antongilii*）被列入《濒危野生动植物种国际贸易公约》（CITES）附录中。过去宠物市场流通的番茄蛙，大都是锈番茄蛙（*D. guineti*），现番茄蛙均列入《濒危野生动植物种国际贸易公约》附录Ⅱ，目前已将番茄蛙保护起来严禁流通了。

▲ 番茄蛙（左）和北方狭口蛙（右）

11.2　红椒蛙（*Phrynomantis microps*）

　　红椒蛙也叫红椒步行蛙，它们分布在非洲象牙海岸以东几内亚湾沿岸诸国，栖息于干燥热带草原的棕榈林内。

◀ 红椒蛙背部通红色，背后的警戒色鲜艳，犹如红通通的辣椒，可以看成弱化版的番茄蛙。由于番茄蛙（包括安东吉利暴蛙和其他番茄蛙）都已经属于保育动物，因此变相提升了此种的魅力。

◀ 红椒蛙在蛙类中体形适中，体长38～44毫米，大约半个手掌大小。

红椒蛙背后的警戒色鲜艳，犹如红通通的辣椒，红色的背部可分泌出刺激性的分泌物，若以手碰触会令人感到十分痛楚。

红椒蛙喜欢潮湿阴暗的环境，其背上的红色似乎会在光照下褪去，慢慢变成类似肉色的颜色。当它回到阴暗的环境中时，颜色会逐渐恢复成原来的椒红色。此蛙很容易与相似的红带蛙混淆，区别是红带蛙背上只有两条带状的红色斑纹，而红椒蛙整个背都是红色的。

▲ 左图为红椒蛙，右图为红带蛙。

▶ 红带步行蛙体形大，四肢细细的，看似运动能力不强，其实作为狭口蛙大家族的一员，自然是个攀爬高手，会攀爬树干和石砾。

红椒蛙是一种地栖蛙类，其运动方式不是像一般蛙类一样跳跃而是爬行前进。它们栖息于干燥热带草原的棕榈林内，以蚂蚁或白蚁为食，尤其在蚂蚁或白蚁的巢穴中常可见其踪迹。

11.3　花狭口蛙（*Kaloula pulchra*）

　　花狭口蛙是狭口蛙家族里的巨无霸，体长平均 70 毫米。身体呈三角形，吻短，鼻孔位于吻端两侧，鼓膜不显，舌宽大。它们前肢发达，后肢短而肥壮。皮肤厚，十分光滑，但背部有小疣粒或圆疣。背部暗褐色，有一个"∩"形橘黄色宽带始自两眼间，折向体侧延伸至胯部。

　　花狭口蛙分布较广，主要分布在我国广东、广西、云南、福建、海南等地以及马来西亚、新加坡、印度等国家。

◀　花狭口蛙的指（趾）端方形平切状，膨大成吸盘，擅长攀爬，也善于挖掘，可以利用足部挖洞，须臾间可将身体埋入土中，仅露出吻端。

◀　花狭口蛙生活在海拔 150 米以下的住宅附近或山边的石洞、土穴中，也有的隐匿于离地面不高的树洞里。

▲ 夜间花狭口蛙行动迟缓，见电光后鸣声即停，关闭电光后约 1 分钟又开始鸣叫；被捕捉后身体鼓胀近于球形。

▲ 花狭口蛙背部呈暗褐色，有一橘黄色宽带从两眼间开始，绕过眼睑，折向体侧延伸至胯部，略呈"∩"形。

雄性花狭口蛙鸣声洪亮，音响如牛吼。雄蛙具单咽下外声囊，咽喉部呈蓝紫色；胸、腹部有厚的皮肤腺；雄性线明显。三至六月为花狭口蛙的繁殖季节，雌蛙每年可产卵两次，常在暴雨之后产卵于临时积水坑里。卵群成片，单粒浮于水面，含卵4000余枚，经24小时即可孵出小蝌蚪，再过20天左右完成变态发育。除繁殖季节外，平时不易发现花狭口蛙的踪迹。

花狭口蛙被列入国家林业局2000年8月1日发布的《国家保护的有益的或者有重要经济、科学研究价值的陆生野生动物名录》。

11.4 北方狭口蛙（*Kaloula borealis*）

北方狭口蛙是狭口蛙家族中的北方代表，是北京周边地区唯一的一种狭口蛙，俗称气蛤蟆、气鼓子。它们体形较小，成体肛吻距40～45毫米，头较宽，吻短而圆，鼻孔近吻端。前肢细长，后肢粗短，皮肤厚而光滑，背部有少量小疣粒，体背呈棕褐色，腹部色浅且光滑。雄性有单咽下外声囊，咽喉部呈黑色，胸部有一显著皮肤腺，雄性线极明显。

北方狭口蛙为陆栖习性，不善于跳跃，活动以爬行为主，常选择水坑附近的草丛中、土穴内或石下栖息。善于挖土钻穴，平时白天很难见到它们的踪迹。一般夏天雨后的傍晚或夜晚出现。

北方狭口蛙在我国分布于黑龙江、吉林、辽宁、河北、山东、山西、陕西、湖北等地，而模式产地在辽宁省。

▶ 北方狭口蛙体形不大，周身滚圆，褐色的皮肤上有花纹。当用手触碰北方狭口蛙时，它会大口吸气让身体更加滚圆，目的是通过身体膨胀让天敌无从下口。

▶ 北方狭口蛙大多数时间生活在洞穴或地表下层，而夏夜暴雨过后才会出来活动。雄蛙可以发出"姆啊姆啊"的洪亮而低沉的鸣叫声。

蛙类大世界

11.5 多疣狭口蛙（*Kaloula verrucosa*）

多疣狭口蛙是我国西南地区狭口蛙的代表，分布在云南、贵州及四川东部地区。体宽扁，吻短而圆，皮肤粗糙。背部有许多小疣，近背中线者多为长形，断续排列成纵行，自吻至肛部的正中常有一细棱；通体呈橄榄绿色或灰棕色，散有大小数量不等的黑点，有的体侧也有黑点，体侧、肛周围及股后多为小圆疣，多疣狭口蛙由此而得名。

雄蛙体长 42 ～ 45 毫米，雌蛙体长 46 ～ 52 毫米，雄蛙咽喉布满黄绿色斑点，腹部呈米黄色；雌蛙咽喉部及腹部均为乳黄色。

多疣狭口蛙生活于海拔 1430 ～ 2400 米的山区或河岸平地，常栖息于草地、田园附近的石块下、土穴内。雨季前出蛰，雨季结束即入眠。

▼ 多疣狭口蛙是我国西南地区狭口蛙的代表，尤其云南地区分布较多。

▲ 云南地区的多疣狭口蛙在六、七月大雨后的晚间尤为活跃。

▲ 多疣狭口蛙繁殖期的长短与雨季的长短有关，它们可以利用降水后形成的临时水塘繁殖产卵。

11.6 花细狭口蛙（*Kalophrynus interlineatus*）

花细狭口蛙俗称小黄鸡蛙，体较窄长，雄蛙体长34毫米左右，雌蛙体长40毫米左右。头高而小，吻端略尖而斜向下方，吻棱明显，鼓膜隐蔽。它们前肢较细，后肢短，指（趾）钝圆。除四肢内、外侧皮肤光滑外，整个背、腹面密布疣粒。体色和花斑变异较大，一般为浅褐色，背部有深褐色斑点连成4条纵虚线，体侧为黑褐色；四肢背面有褐色横纹，腹面为肉黄色；整个咽喉部、胸部及前腹部呈灰褐色或黑棕色。

花细狭口蛙生活在海拔30～300米的平原、丘陵地带，常栖息于住宅或耕作区周围的草丛中，隐匿于松土石穴内，很少在水中活动。

花细狭口蛙分布在我国云南、广东、广西、海南等地以及印度、缅甸、柬埔寨等国家。

花细狭口蛙的繁殖期在三至九月，雨后水塘附近的草丛中雄蛙鸣叫，常常几只蛙共鸣，叫声嘹亮。它们的卵和蝌蚪在静水塘发育生长。

花细狭口蛙生性敏感，对环境要求非常高，人工环境下很难饲养。

► 花细狭口蛙体形较小，体色为浅褐色，背部有多条深褐色纵虚线。

► 花细狭口蛙有一定毒性，遇到危险时会分泌黏稠的黄色毒液。

◀ 花细狭口蛙多变的
体色，也是姬蛙家族
中少见的。

◀ 花细狭口蛙捕食小
型昆虫，猎食时，它
们会悄悄移到猎物旁
伺机捕食。

11.7 花姬蛙 (*Microhyla pulchra*)

花姬蛙俗称犁头蛙、三角蛙，是姬蛙科姬蛙属的蛙类。体略呈三角形，头小，吻端钝尖，吻棱不显，鼻孔近吻端，鼓膜不显。前肢细弱，后肢粗壮，体色鲜艳，背面呈粉棕色，两眼间有深色横纹，从眼至体侧后方有若干重叠相套的"∧"形黑棕及浅棕色花纹；四肢背面有粗细相间的深色横纹。背面皮肤较光滑，后腹部、股下方及肛孔附近小疣颇多；其余腹面光滑，腹部呈黄白色，四肢腹面呈肉红色。雌蛙肛吻距33毫米，雄蛙约30毫米，雄蛙有单咽下外声囊。

花姬蛙生活在海拔1350米以下的平原、丘陵和山区，常栖息于水田、园圃及水坑附近的泥窝、洞穴或草丛中。雄蛙鸣声高而急，清脆悦耳。

▲ 花姬蛙从眼至体侧后方有若干重叠的黑棕及浅棕色花纹；四肢背面有粗细相间的深色横纹。

◀ 夜间拍摄的雄性花
姬蛙

◀ 花姬蛙在我国分布
在云南、贵州、湖北、
浙江、江西、福建、
广东、广西及海南等
地。

▶ 花姬蛙跳跃能力强，捕食蚁类等小昆虫，常藏身于草丛中。

11.8 饰纹姬蛙（*Microhyla ornata*）

饰纹姬蛙属于小型蛙类。它们的身躯非常细小，体长仅20～23毫米，头小，体宽，吻端尖，吻棱不显，鼓膜不显；前肢细弱，后肢粗短，非常擅跳跃。皮肤粗糙，背部有许多小疣粒，枕部常有一横肤沟，并在两侧延伸至肩部。雄性咽喉部为黑色，具单咽下外声囊。

▼ 饰纹姬蛙背部颜色一般为粉灰色或灰棕色，体背部有两个深色的"∧"形斑。

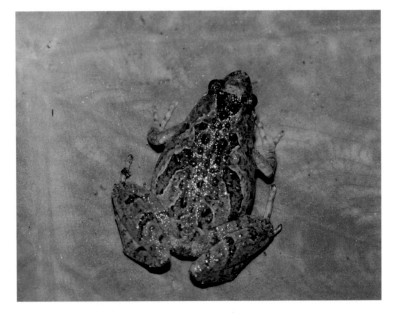

饰纹姬蛙生活在海拔 1400 米以下的平原、丘陵和山地的水田、水坑、水沟的泥窝或土穴内，或水域附近的草丛中。雄蛙

鸣声低沉而慢，发出"嘎嘎"声。饰纹姬蛙分布于巴基斯坦、印度、斯里兰卡、尼泊尔、马来半岛、缅甸、泰国、柬埔寨、老挝、越南、日本、中国。

▲ 饰纹姬蛙喜欢藏身于枯叶中，行踪甚为隐秘。要寻找它们的踪影，须留心它们"嘎嘎"的叫声。

▲ 饰纹姬蛙主要以蚁类等小型昆虫为食。

第五章　穴居蛙类

有一部分蛙类生活习性十分奇特，它们习惯于掘土遁地，偏爱在沙土里筑巢。这类穴居蛙类大多喜欢用后腿挖出洞穴，之后一直生活在洞穴里，偶尔在洞穴周围活动，是名副其实的"宅蛙"。它们只有下雨后才会从土中冒出来，在洞穴附近活动。代表物种为馒头蛙、铲鼻蛙及印度紫蛙。

1. 圆滚滚的蛙——馒头蛙（*Breviceps adspersus*）

馒头蛙别称散疣短头蛙，有些地区也称沙漠雨蛙。它们主要分布在非洲南部，如安哥拉、博茨瓦纳、莫桑比克、纳米比亚、南非、赞比亚和津巴布韦等国家。这些国家大多是热带草原或干旱的荒漠，很少有湿润茂密的丛林，馒头蛙的生境和我们印象中"雨蛙"的雨林相去甚远，它们自带的这个"雨蛙"名号并不是指它们生活在潮湿的环境，而是说它们生活在几乎见不到雨的地方。偶尔降雨时，馒头蛙就像见到亲人一样从土里冒出来，在地面比较容易看到，"沙漠雨蛙"便因此得名。

馒头蛙周身滚圆，背部呈深褐色，身体的两侧通常有伴随着脊椎而生的几条颜色较浅的线条，腹部为白色，并有深色的斑点。值得一提的是，馒头蛙的体色会根据环境的温度变化而变化，温度高的时候体色会变浅，反之则会变深。大多数情况下，馒头蛙生活在干旱的稀树草原、温带灌木丛或亚热带硬叶林中，有时也会和人类聚落重叠，在城市周边和农田中可以看到它们。

▶ 馒头蛙周身滚圆。

在不下雨的时候，人们几乎看不到馒头蛙的踪影，它们都生活在地下，而且还扎堆聚在一块儿，有组织有纪律，甚至在人工状态下也是如此。别看馒头蛙长得像个"肥宅"，它们的四肢却粗壮有力，干起活儿来毫不含糊。它们可以挖至地下60厘米的深度。

馒头蛙特殊的遁土习性，给它们的生活提供了安全保障：首先，地下温度相对适宜并且湿润，可防止沙漠旱地强烈的阳光直晒烤干它们身体内的水分；其次，它们还可以靠这种方式躲避天敌的捕食。进入旱季后，它们的身体会形成一层保水的厚茧，防止自己干死在土堆里。

等到雨季来临的时候，馒头蛙会拨开厚茧，钻出土壤，开始活动。接受甘霖的洗礼后，馒头蛙便开始捕食昆虫。馒头蛙尤其爱吃白蚁，在人工饲养的环境中，也吃蟋蟀及樱桃蟑螂等。但露出地表之后危险也随之到来，很多饥肠辘辘的捕食者都把它们当食物看待。面对这种情况，馒头蛙倒也有逃生策略，它们会把自己的身体鼓成一个球，然后对着敌人发出一阵阵尖叫声作为警告，声音听起来像猫叫及鸟叫。当然，这如同卖萌一样的恐吓大多都是没什么效果。

　　既然没用，馒头蛙还有另外一招：由于长期生活在沙漠旱地，常年见不到水塘，它们摒弃了黑斑蛙那种大长腿游泳健将及跳远健将的模式，只会走路和爬行。馒头蛙的四肢已不适应水中的浮力，也无法游泳。若它不小心落入了水中，只能鼓起自己圆滚滚的肚子，依靠浮力来救命。不过，短小的四肢反而可以使它们短途高速地奔跑，一旦遇到危险，它们一溜烟就跑走，接着钻到土里不见了。多数蛙类蟾蜍是通过跳跃规避危险，馒头蛙可是货真价实地跑。如果还是逃不掉，它们只好祭出最后一招——体表分泌出白色的有毒物质，类似于蟾蜍的毒腺一样防御敌害。

　　每年十一月末至次年一月初，是馒头蛙的繁殖期，繁殖期一般持续 4 ~ 6 周。馒头蛙属于中小型蛙类，雄性成体肛吻距为 30 ~ 45 毫米，最大个体达 47 毫米；而雌性成体则要大一些，肛吻距为 50 ~ 60 毫米。由于雌性相对雄性体形要大得多，而且馒头蛙体形均较圆润，四肢短小，交配时雌蛙屁股会分泌黏液，便于把雄蛙粘在自己的屁股上，以保证受精成功。有趣的

▼ 馒头蛙特殊的遁土习性，给它们的生活提供了安全保障。

是，有时候馒头蛙已经完成交配了，雌性已经完成产卵了，但屁股上还挂着一只雄蛙。

▶ 馒头蛙主要以蚂蚁和白蚁为食，蚁类占了它们日常食物90%的比重。

由于生活环境干旱，雌蛙将含卵黄的卵产在之前挖掘好的地洞中，之后卵不经过蝌蚪的变化过程而直接生长发育成蛙。这种繁殖特性和它奇特的外观给馒头蛙带来了颇高的人气，引起动物研究保护人员及爱好者们的广泛关注，并使它一度走红网络。

2. 善于铲土的蛙——铲鼻蛙（Hemisotidae）

铲鼻蛙在进化上是一个相对独立的肩蛙科，其下只有1个肩蛙属，属内有10个种，全部分布于非洲。它们体形中等，体长约80毫米，体态圆润，四肢较短，头部则小而窄，有一坚硬、向上翘的鼻子。代表物种有理纹铲鼻蛙（*Hemisus marmoratus*）、黄点铲鼻蛙（*Hemisus guttatus*）和几内亚铲鼻蛙（*Hemisus guineensis*）等。铲鼻蛙科成员们的吻部异常突出，里面有一块独立于头骨的坚硬骨骼，铲鼻蛙会把扁平而坚硬的吻部戳进土里上下摆动，功能如同铲子，所以被称为铲鼻蛙。与大多掘地习性的蛙类不同，铲鼻蛙是通过头部而非臀部挖洞掘土的。

▲ 铲鼻蛙科成员们的吻部异常突出，里面有一块独立于头骨的坚硬骨骼。

　　仔细观察它们的外貌，很难看出它们与典型的蛙类有何相似之处。它们吻部又尖又小，周围还覆盖着一圈密集的小肉垫子，鼻部角质加厚，在扫描电子显微镜（scanning electron microscope，SEM）下观察，蛙嘴周围的每个细胞都装备了一个角状突起。当铲鼻蛙刨土前进时，垫子可能保护嘴巴。

◀ 在非洲当地，红脸地犀鸟是铲鼻蛙等蛙类的天敌。面对天敌，膨胀身体和遁土逃跑是铲鼻蛙必要的求生手段。

▶ 理纹铲鼻蛙的楔形吻端有角质加厚，便于掘土。身上斑驳的纹路如同大理石花纹，理纹铲鼻蛙由此得名。

　　铲鼻蛙不善跳跃，害怕的时候喜欢迈开腿爬行，一旦找到合适的土壤，便用楔形的鼻端直指地面，小短腿推着身体潜入地下。如果土壤足够松软，几秒钟内就会消失得无影无踪。然而，土地通常很难挖掘，唯一的选择就是坚守自己好不容易找到的土地洞穴。当理纹铲鼻蛙在捕食者的追捕下无法逃脱时，它们会吞咽大量空气并膨胀身体，把自己变成一个小圆球，使得蛇或其他捕食者很难吞下。

▶ 铲鼻蛙会把扁平而坚硬的吻部戳进土里上下摆动，功能如同铲子，图中铲鼻蛙正在往地下钻。

　　　　　　　　蛙类大世界

▲ 铲鼻蛙背部有着斑驳的花纹。

　　理纹铲鼻蛙的生殖行为也相当有趣——雌蛙不直接在水中产卵，雌雄抱对前，会预先挖出一个地下繁殖室，雄蛙在卵受精后离去，留下雌蛙和受精卵在洞中等待雨季的到来。在这段时间里，雌蛙会全力呵护卵和刚孵化出来的蝌蚪，抵御来犯的蚂蚁和其他捕食者。如果条件允许，雌蛙会挖掘通道连接更大的池塘，让后代进入更广阔的水域完成变态发育。这个策略使铲鼻蛙蝌蚪与其他物种相比赢在了起跑线上，当它们进入水中时，就已赶在其他蛙卵孵化前进食长大了。

　　蝌蚪非常活跃，在隧道中蜿蜒前行，最终到达水面。当池塘充满雨水时，洞穴会被填满，蝌蚪可能被上升的水位运送到池塘中。

　　肩蛙属还有一种奇特的铲鼻蛙——黄点铲鼻蛙（*Hemisus guttatus*），主要分布于南非、斯威士兰王国的草原地带。它们一般隐藏于地底下，喜欢把自己埋在湿润的沙质土壤中，白天在土中酣睡，等到夜幕降临才开始活动。

▶ 黄点铲鼻蛙身上布
满了鲜黄色的斑点。

蛙类大世界

趋同进化（convergent evolution）即源自不同祖先的生物，由于相似的生活方式，整体或部分形态结构向着同一方向发生改变，以更好地适应环境。

黄点铲鼻蛙身体格外强壮，脑袋小而尖，身上布满了鲜黄色的斑点。黄点铲鼻蛙就如同一个灵活的胖子，它们挖土的速度极快，简直就像一台活生生的挖掘机：遇到松软的土层，它们一脑袋扎进土里扑腾几下就没影了。值得一提的是，铲鼻蛙挖土的时候是面朝挖掘方向的，这和印度南部同样营穴居生活、仅在繁殖期入水的紫蛙很像。

铲鼻蛙的外形特征、生活习性、繁衍方式等十分有趣，这是自然界给予我们的馈赠。无论穴居蛙类有多少种（理纹铲鼻蛙、黄点铲鼻蛙、紫蛙，形态各异、各具特点），无论它们生长在哪里（非洲湿地、南亚林地），它们都是人类的朋友，都是地球生物圈生物大家庭中的重要一员，是保护生物多样性不可缺少的一环，更需要人们不断了解、深入研究、倍加珍惜、精心呵护。

3. 穴居土中的蛙——紫蛙
（ *Nasikabatrachus sahyadrensis* ）

紫蛙是印度特有的蛙类，为紫蛙属下唯一的物种。近期科学家们通过提取紫蛙活体的 DNA 发现，紫蛙早在距今一亿两千多万年的白垩纪就已经生活在地球上了，算得上蛙类无尾目中的"活化石"。

紫蛙的鼻子很像铲鼻蛙，有着高高突起的吻部。这种小动物一年到头都很难出现，只有进入雨季的时候，才会出来捕食蚂蚁等小昆虫，平时总是钻入深深的地下土层中。虽然它们和铲鼻蛙的亲缘关系很远，但习性相近。

印度南部的高止山脉是紫蛙的乐园，也是地球上唯一有紫蛙分布的地方。即使在当地，紫蛙也并不是一种随处可见的蛙类。

▶ 紫蛙是一种穴栖蛙类，会利用粗壮的四肢刨开泥土，钻入较深的土层之中。紫蛙的洞穴深度一般都在1米以上，最深的洞穴甚至接近4米。

一年之中的绝大多数时间，紫蛙都躲在它的洞穴之中，吃喝拉撒都在洞穴里面完成。只有等到雨季来临时，成年的紫蛙才会在地表待大概两周时间，寻找异性。虽然当地人早已知道这种动物的存在，不少地方也收藏着它们的标本，但科学界对它们的认可从2003年才正式开始。从外形上看，紫蛙的吻部比较狭长，脸部像匹诺曹一样长了个长鼻子。鼻子是它们在洞穴中主要的感受器官，紫蛙靠着鼻子的触觉探索环境并寻找食物。在洞穴之中，它们的主要食物是白蚁。紫蛙会用锥形的头部拱开土壤，深入白蚁穴中，用一根长笛般的细长舌头，把白蚁吸入口中。

紫蛙雌雄体形差异巨大，雌性比雄性大3~5倍。雌雄抱对的时候十分滑稽，如同一只小猪抱住了另一只更大的猪。一旦雌雄两只紫蛙认定了对方，雄蛙就会在皮肤上分泌一种特有的黏液，把自己牢牢地粘在雌蛙的背上，这一点和馒头蛙类似。之后雌蛙会把卵产在溪流之中，每次产卵可达 3000 枚，蝌蚪经历变态之后会跑到岸上，开始自己的洞穴生活。

▲ 突出的鼻子是紫蛙在洞穴中主要的感受器官。洞穴环境黑暗，视力基本派不上用场，紫蛙靠着鼻子的触觉探索环境并寻找食物。

▲ 紫蛙雌雄体形差异巨大，雌雄抱对的时候十分滑稽，如同一只小猪抱住了另一只更大的猪。一旦雌雄两只紫蛙认定了对方，雄蛙就会在皮肤上分泌一种特有的黏液，把自己牢牢地粘在雌蛙的背上。

紫蛙在《世界自然保护联盟濒危物种红色名录》中的保护级别为濒危（EN）。印度南部的不少森林正在被砍伐，森林面积减小，取而代之的是咖啡园和各种种植园。由于栖息地遭到破坏，紫蛙现在已经十分罕见。

▲ 紫蛙

第六章　树栖蛙类

无尾目家族并非都是牛蛙或蟾蜍这种只会匍匐在地上的成员，事实上它们家族也是有"飞行员"的（仅限于在空中滑行），这就是树蛙。

◀ 树蛙多栖息在树上，体细长而扁，后肢长，吸盘大，指、趾间有发达的蹼。

　　树蛙是一种独特的两栖动物，它们的身体细长，是名副其实的"长腿蛙"，除了长腿以外，它们还有着很大的吸盘和脚蹼。由于没有强大的咬合力和蛮力，因此树蛙将栖身区域转移到了树上。树蛙的肺结构简单，仅是两个薄壁囊状结构，气体交换的效率不高，因此必须通过皮肤进行气体交换，补充氧气。这样一来，发挥部分肺的作用的裸露皮肤对环境和气温非常敏感。

1. 身形小巧的树蛙——华西树蟾（*Hyla annectans*）

华西树蟾也叫华西雨蛙，是一种小型树蛙，雄性肛吻距28～36毫米，雌性为34.5～40毫米，体形细长而扁平，后肢长，吸盘大，指（趾）间有发达的蹼，很多种类可以在高大的树冠间进行"空中滑翔"。指（趾）末端膨大成明显的吸盘，吸盘腹面边缘有边缘沟，吸盘的背面一般无横凹痕，腹面呈肉垫状，树栖。

华西树蟾在我国分布于重庆、四川、云南、贵州、湖南、湖北、广西等地，在国外分布于印度、缅甸、泰国、越南等国家。华西树蟾的栖息地内，环境的污染和气温的变化会对它们造成直接的影响。同时，人类捕杀树蛙，也使得它们的生存现状更为艰难。

▼ 华西树蟾常栖于静水水域和稻田附近的草丛间或树叶上，鸣声响亮，雨前、雨后和黎明前活动最频繁。

蛙类大世界

▲ 华西树蟾晴天匍匐于叶片上。

2. 长着红蹼的蛙——红蹼树蛙
（*Rhacophorus rhodopus*）

在琼中山区灌丛小乔木上，偶尔会听到悦耳的鸣声，那便是雄性红蹼树蛙的鸣声。红蹼树蛙的趾间蹼为红色，腹面为黄色，腹后端及后肢腹面为肉红色，红蹼树蛙由此得名。

红蹼树蛙背部呈红棕色或黄褐色，背上有深色斑纹、"X"形斑或微小黑点。体侧呈亮黄色，胯部、股外侧为橘黄色，四肢上有深色横纹。雄蛙体形明显小于雌蛙，雄蛙体长 30～40毫米，雌蛙体长 37～52 毫米。

红蹼树蛙的生存策略是通过体色保护，与树干枝叶融为一体，这样不但可以躲避天敌，也利于它们的树栖生活。红蹼树蛙常在靠近静水池塘或水沟的灌丛活动，白天多隐蔽于草丛中，夜间则在灌木和阔叶树上活动。红蹼树蛙以瓢虫，蛾类、蝶类幼虫，鞘翅目以及脉翅目昆虫为食。

▲ 红蹼树蛙常栖息于海拔 80 ~ 2100 米的热带森林地区。白天多隐蔽于茂密的植物丛中，夜间在草丛、灌木和阔叶树上活动。

　　由初夏至夏末，雄蛙在夜间发出鸣叫，寻找体形大过自己一倍的雌性抱对。和大多数树蛙类似，它们在林中溪流的积水中繁殖，将泡沫巢筑在悬于浅层流水的树枝上，卵群呈现泡沫状，含卵 120 ~ 130 枚。秋后，成蛙会蛰伏于树洞或竹筒内越冬。

▲ 由初夏至夏末，雄蛙在夜间发出"吱吱"的鸣叫，寻找体形大过自己一倍的雌性抱对。

3. 林中精灵——原指树蛙（*Kurixalus*）

原指树蛙因其原拇指发达而得名。它们分布于喜马拉雅山区、东亚和东南亚，包括柬埔寨、中国、印度、印度尼西亚、日本、老挝、马来西亚、缅甸、菲律宾、泰国、越南等国家。

▶ 原指树蛙目前广泛分布于我国南部和西部地区，北至西藏墨脱，成蛙生活在林区，图为碧眼原指树蛙（*Kurixalus berylliniris*）。

▶ 原指树蛙和灌木的枝干浑然一体，这种保护色使它们很难被发现，图为冷泉原指树蛙（*Kurixalus lenquanensis*）。

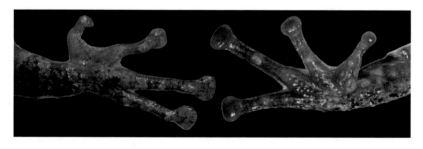

原指树蛙目前广泛分布于我国南部和西部地区，北至西藏墨脱。它们体形小，鼓膜明显；第一、第二指与第三、第四指不呈对指握物状，原拇指发达；指（趾）端具吸盘，指间几乎无蹼，趾间蹼较发达。

2020 年四、五月，在四川省邛崃市平乐镇，四川师范大学的侯勉、"美丽科学"的缪靖翎等人采集了 8 个原指树蛙属新种树蛙标本。科研团队经过形态学和分子生物学分析，联合笔者等人将此新种描述为原指树蛙属的一个新种——精灵原指树蛙（*Kurixalus silvaenaias*）。

精灵原指树蛙是四川省首次记录的原指树蛙，也是我国发现的原指树蛙属的第 11 个种。此前关于原指树蛙属物种的系统学研究指出，原指树蛙属及属内种间呈单系。而气候变化可能加速了该类群的多样化进程。截至目前，该属共有 20 个种，包括此次发现并鉴定的新种——精灵原指树蛙。

▶ 侯勉和彭霄鹏等人发现并命名的蛙类新种——精灵原指树蛙（*Kurixalus silvae-naias*）。

▶ 精灵原指树蛙善于攀爬，它们有着保护色，既能躲避掠食者的捕食，又能避免被猎物发现。

在外观和系统发育方面，精灵原指树蛙与面天原指树蛙（*Kurixalus idiotocus*）近似，但是在形态学上，前者可通过以下特征组合与其他原指树蛙进行区分：精灵原指树蛙雄性肛吻距29.6~32.9毫米；单咽下内声囊；鼻口钝而圆，尖端没有明显突起；有马蹄形边缘沟；具犁骨齿；婚垫弱，雄蛙婚垫位于第一指基部；咽胸部皮肤表面呈颗粒状；背侧和外侧皮肤有结节；具有外掌突和指基下瘤；背部皮肤呈黄棕色，有沙漏状深棕色斑点，无任何绿色斑点；胸部有一对大而对称的黑色斑点；腹部呈深紫色。对采集的样本进行 16S rRNA 和 COI 基因序列比对，结果显示，精灵原指树蛙与面天原指树蛙 16S rRNA 和 COI 基因的遗传距离分别为 2.3% 和 4.6%，达到种级水平差异。因此，精灵原指树蛙独立为一个种，是面天原指树蛙的姐妹系。

▼ 图为面天原指树蛙（*Kurixalus idiotocus*）。

精灵原指树蛙栖息地平乐镇，为邛崃山脉龙门山南段，属浅丘型地貌。地形以山地丘陵为主，气候属亚热带湿润性季风气候，其特点是四季分明，气候温润，雨量充沛，日照较多。多年平均气温 16.3℃，无霜期年平均 231 天，年平均降水量1136 毫米，由此可见精灵原指树蛙对湿度要求较高。

在海拔 623～725 米的丘陵，遍布着竹阔叶混交林，科研人员在这里的山涧水洼和狭窄的河谷中发现了精灵原指树蛙的踪迹。它们的习性偏向昼伏夜出。每年 4～5 月，蛙鸣响彻河谷。到了 4 月底，精灵原指树蛙开始繁衍。10～20 只雄性成体分布在水坑周围，还有 1～2 只雌性成体。雌蛙将卵群产在岸边灌木下的水坑，以及有积水的竹桩内或树洞内壁上，每只雌蛙产下 150～200 枚卵，卵呈单粒状，每年产卵多次。第二次以后产的卵群多供蝌蚪捕食。雌蛙有保护蝌蚪发育的习性。

由于捕食蛙类的掠食者众多，为了生存，无毒的树蛙类的体色，与很多弱小动物的体色一样，会与生存环境的颜色趋同，形成拟态，进化出和周围环境相似的保护色，这样一来既能躲避掠食者的捕食，又能避免被猎物发现。精灵原指树蛙体形娇小，和一些两栖纲无尾目动物一样，它们也会随着环境变化而变换体色。在原生境灌木山林中，它们棕黄色的体色能很好地与树干或落叶融为一体，起到伪装作用。对于它们小小的个头儿来说，几乎任何叶片或树枝都是藏身之处。而苔藓和灌木丛更成了它们的围猎场，让它们不但可以躲开捕食者，还能更好地捕食昆虫。和其他种类的树蛙一样，精灵原指树蛙由于没有强大的咬合力和蛮力，因此将栖身区域转移到了树上。指（趾）末端形成明显的吸盘，吸盘腹面呈肉垫状，边缘有沟，背面一般无横凹痕，便于攀爬。

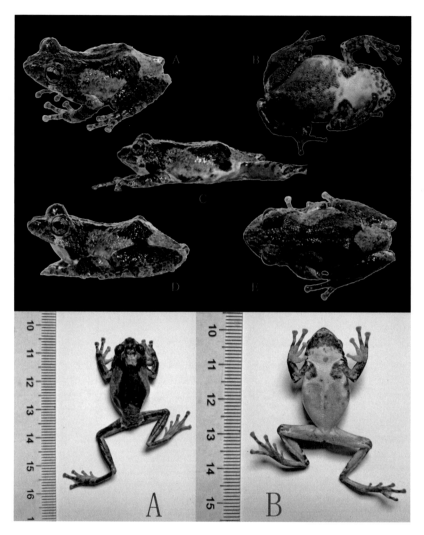

◀ 精灵原指树蛙的背
面和腹面图

4. 隐藏大师——斑腿泛树蛙
（*Polypedates megacephalus*）

斑腿泛树蛙体扁而窄长；吻长，鼓膜明显。前肢细长，指间无蹼；后肢细长，趾间约具半蹼；皮肤平滑，背面有很小的痣粒。体色常随栖息环境而改变，一般背面为浅棕色，在光强而干燥的环境下呈浅粉棕色或浅黄棕色，在黑暗处即变为深棕色，上面有黑褐色或黑色斑纹。腹面呈乳白色；咽喉部常有深色斑点。

斑腿泛树蛙生活在海拔 80～2200 米的丘陵和山区，常栖息在稻田、草丛或泥窝内，或在田埂石缝以及附近的灌木、草丛中。傍晚发出"啪啪啪"的鸣叫声。

斑腿泛树蛙善于隐藏，通常会隐藏在河流的莲叶下面，并且只露出头部，仔细观察外部的情况，直到确定没有危险之后才会探出头来进行捕食。它们捕食蜚蠊、蝗虫、象甲等多种害虫，也捕食螳螂、蜘蛛、蚯蚓、虾和螺等无脊椎动物。

斑腿泛树蛙在我国广泛分布于秦岭以南各省，国外分布于印度、越南北部，越南的斑腿泛树蛙体形稍小。

▼ 斑腿泛树蛙在我国南方的数量很多，云南地区是其主要的栖息地。

蛙类大世界

◀ 斑腿泛树蛙的叫声是比较小的，并不洪亮，并且叫声非常短，没有很长的拖音。与雌蛙相比，雄蛙更喜欢鸣叫。

▶ 斑腿泛树蛙之所以得名，一个最主要的原因就在于其腿上布满了棕色的斑点或斑纹。在斑腿泛树蛙的背部，还可以发现许多奇形怪状的斑纹。其中不仅有横纹或纵纹，甚至还有呈"X"形的纹理，看上去十分特殊，这也是其具有辨识度的一大原因。

5. 以毒著称——箭毒蛙（Dendrobatidae）

箭毒蛙是最美丽的两栖动物之一，它们有着五彩斑斓的体色，而艳丽的色彩背后，是大自然的警戒色。美艳伴随着剧毒，使箭毒蛙因毒性闻名动物界。根据最新的分类系统，全世界已发现箭毒蛙科（丛蛙科）下有12属162种之多，由于这种生活在幽深雨林中的物种非常神秘，相信仍有很多种类至今未被人类发现。

▶ 亚马孙热带雨林是地球上最大且动植物品种最丰富的热带雨林，孕育着箭毒蛙。

蛙类大世界

箭毒蛙原栖息地位于南美北部地区亚马孙热带雨林，占地约700万平方千米，横跨巴西、秘鲁、哥伦比亚、委内瑞拉、厄瓜多尔、玻利维亚、圭亚那、苏里南和法属圭亚那9个国家。

　　亚马孙热带雨林是地球上最大且动植物品种最丰富的热带雨林，人们誉之为"地球之肺"和"生物天堂"，全球近三分之二的热带植物和约5万种动物生活在这广阔的雨林中。圭亚那热带雨林里森林蓄积量非常大。雨林中通常有3～5层的植被，上面还有高达30～50米的树木，像帐篷一样支盖着。下面几层植被的密度取决于阳光穿透上层树木的程度，照进来的阳光越多，密度就越大。

　　在德默拉拉河的支流两侧全是茂密的树林，有棕榈、香桃木、月桂、金合欢、黄檀木、巴西果及橡胶树等。腐朽的老树盘根错节，见证了雨林的风霜。林中的藤蔓植物也很多，相互缠绕，相互倾轧，争夺那树缝中透过的阳光。在地表的腐叶和草丛中，常有形态各异的两栖动物和爬行动物。

▲ 站在行驶在德默拉拉河的船上，有时还能看见美洲鳄游过。美洲鳄是一种中型的鳄鱼，体长3～4米，分布于中美洲及南美大陆，栖息在咸淡水交界的红树林、沼泽等湿地。美洲鳄在湿地是顶级掠食者，性情非常凶猛，主要以鱼类、哺乳动物、海龟、蟹、蛙为食，偶尔也吃腐肉。

箭毒蛙便栖息在这种环境中，也伴生着其他生物物种如美洲鳄等，同时伴生有蕨类植物及凤梨科的积水菠萝。箭毒蛙都是日行性地栖型动物，也具有树栖的倾向。它们常常会在被树冠遮盖的凤梨科植物的叶腋中产卵，蝌蚪多半是在植物叶片间或树洞中的小水洼中长大成蛙的，所以树木对它们来说是觅食与躲避敌害的地方。除人类外，箭毒蛙在自然界几乎鲜有天敌。

箭毒蛙有着多彩的色泽，人们根据它们的体色对品种命名，如幽灵箭毒蛙、钴蓝箭毒蛙及草莓箭毒蛙等。大多数人见到箭毒蛙时，总会因其令人难以抗拒的华丽璀璨的体色而投去欣赏与渴望的目光。自从人们发现了这种奇异的生物后，它们便成为两栖动物中最引人注目的明星。箭毒蛙的成员体形十分娇小，大多体长只有 20 ~ 60 毫米。它们的皮肤内有许多腺体，既可以润滑皮肤又能保护自己，其中分泌的毒液足以让很多动物毙命。

▶ 叶毒蛙属，拉丁学名 *Phyllobates*，意为"攀叶者"，周身是艳黄色的，主要生活在中美洲中部如哥伦比亚、尼加拉瓜及巴拿马地区。叶毒蛙属皮肤分泌生物碱毒素——箭毒蛙碱。该属种的毒液很早以前就被南美洲土著人用来制作毒箭射杀猎物，由于毒性过大，不宜用于制药。

分布于厄瓜多尔西南部及秘鲁临接区域的幽灵箭毒蛙属于小型箭毒蛙类，由于个体生性羞怯，因此多数时间躲藏于茂密的植物环境中。由于喜欢潮湿凉爽的通风环境，因此在原生栖地中，它们多数时间活动于积水的叶腋，或是稍稍有一些高度的凤梨科植物叶片间。雄性个体在繁殖季节不但会有明显用于求偶的鸣叫声，同时也会相互争夺地盘，驱赶其他雄性个体，建立属于自己的领域，并等待雌性个体出现。

小知识

箭毒蛙不具备自身制造毒素的能力，毒素来源于捕食当地有毒的节肢动物，而箭毒蛙本身又对该毒素有免疫性。它们从有毒昆虫体内摄取毒素用于自身的防卫，同时通过周身鲜艳的色泽警示捕食者们，时时告知它们自己是不好惹的。但人工养殖的箭毒蛙由于离开了原栖息地的环境，缺乏野生个体捕食毒虫的条件，所以自身毒性大大降低，不过它们仍保留着鲜艳美丽的外表特征。

◀ 幽灵箭毒蛙体长19～24毫米，分布于厄瓜多尔西南部及秘鲁临界区域，体色以红底及其上分布白色线条为主。

早在1974年，西方科研工作者约翰·达利（John Daly）就在幽灵箭毒蛙中鉴定出了幽灵箭毒蛙毒素。这种毒素的英文名"epibatidine"也是由该属的名字命名的。幽灵箭毒蛙毒素从没有在厄瓜多尔境外的其他物种身上发现过。人们对这种毒素的最初来源并不是十分清楚，有人推测这种毒素来自当地的一些节肢动物。

可千万别小看这种拇指大小的蛙类，它们所携带的幽灵箭毒蛙毒素可是剧毒物，微量即可造成血压飙升、痉挛甚至死亡。

可是为什么箭毒蛙的毒素不会把自身毒死呢？得克萨斯州大学的一些科学家最近在《科学》杂志上发表论文，文章很好地解答了这个问题。

要回答这个问题，首先需要了解配体和受体的概念。我们身体的每一个细胞的表面都有很多受体。所谓的受体，就是定位在细胞上或细胞内的蛋白质。与受体相对的另一类物质叫配体。一旦恰当的受体与配体相互结合，就会引发下游的一些通路，进而引发一些生物学过程。

简单来说，配体好比一把钥匙，受体就是一把锁，只有正确的钥匙才能与锁结合，也只有完全匹配的钥匙才能在插进这把锁之后打开它。

幽灵箭毒蛙毒素就是一种配体，这种配体能够与脊椎动物神经细胞表面的一种特异的受体结合。但是，箭毒蛙毒素结合受体后，会拼命地激活下游通路。所谓过犹不及，这将导致动物血压飙升、痉挛甚至死亡。科学家发现，幽灵箭毒蛙的祖先在这个配体蛋白发生了 3 个氨基酸位点的基因突变，这些突变就如同改变了锁芯的构造，使钥匙不能再打开这把锁。由于携带这个突变，幽灵箭毒蛙自身便不会再受到这种毒素的影响。

知道了这个原理，幽灵箭毒蛙毒素就可以被开发出多种用途，比如用作良好的镇痛剂，同时在一定程度上还能消除动物对尼古丁成瘾的行为。

人们现在已知"锁芯"的突变位点了，接下来只需要推断出这个突变位点对应"钥匙"的哪一段，再人为地改造"钥匙"，一种新型、无毒的镇痛剂或抗成瘾剂就诞生了！

▲ 黄金箭毒蛙体长不超过50毫米，但它的背上藏着的毒液足以使任何动物毙命。

　　黄金箭毒蛙是箭毒蛙家族中毒性极强的代表，一只黄金箭毒蛙的毒素足以毒死10个成年人，毒性甚至达氰化钾的千倍以上。这种蛙分泌的毒素属于一种甾体类毒素，能够破坏神经系统的正常活动——仅仅触碰到它就会中毒，毒素能被完好的皮肤吸收，导致严重的过敏反应。它的生理效应是对中枢神经元起作用，主要作用形式是：毒素用于轴突内部或外部，都可以引起轴突不可逆的去极化，降低电位作用幅度，阻碍动物体内的离子交换，使神经细胞膜成为神经脉冲的不良导体。这样神经中枢发出的指令，就不能正常到达组织器官，中毒后先是肌肉麻痹，然后是呼吸麻痹，最终导致心脏停止跳动，而且无有效应急措施。如果皮肤没有开放性创面，毒液会引起皮疹，引发不适感，甚至严重的过敏。

　　黄金箭毒蛙的栖息地往往在高降雨量（5000毫米甚至更多）、海拔100~200米、气温26℃以上、相对湿度为80%~90%的雨林中。在野生状态下，黄金箭毒蛙是一种社会性动物，以不超过6个个体的形式群居。由于它们体形很小，颜色很明亮，常常被误认为无害，但野生黄金箭毒蛙的毒性是最致命的。

　　聪明的南美洲土著在捕捉箭毒蛙时，会用树叶把手包卷起来以避免中毒。他们很早以前就利用箭毒蛙的毒汁涂抹箭头和标枪。他们用锋利的针把蛙刺死，然后放在火上烘烤，当蛙被烘热时，白色的毒汁就从腺体中渗析出来。这时他们就把箭头在蛙体上来回摩擦，毒箭就制成了。一只箭毒蛙的毒汁可以涂抹 50 支镖、箭，用这样的毒箭去射野兽，可以使猎物立即死亡。

▶ 箭毒蛙是日行性蛙类，多数时间活动于有浅积水的陆地环境，或是在离地不高的凤梨科植物叶片间隐藏、栖息。

▶ 北京动物园两栖爬行馆内，钴蓝箭毒蛙经过饲养技术人员的不懈努力，自 2021 年起，成功繁育出了小蛙，并展示给游客。箭毒蛙实现了国内人工饲养条件下首次繁育成活，这对箭毒蛙的可持续发展人工繁育种群以及动物园行业的科研保护教育都有着重要意义。

◄ 钻蓝箭毒蛙

▲ 钻蓝箭毒蛙喜潮湿坏境，食物广泛，繁殖能力强，一身荧光蓝色。

在箭毒蛙家族中，钴蓝箭毒蛙也具有较强的毒性。在原产地苏里南热带雨林中，它们白天觅食蚂蚁、蜘蛛等小型节肢动物。这种体长仅30～40毫米的小生灵一身荧光蓝色，通体绚丽的体色似乎警告着那些潜在的掠食者远远避开。它们足部没有蹼边，不便在水中游动，多数时候雨林湿润的树叶是它们的活动场所。

箭毒蛙经过人工饲养，可以有许多不同体色的变异。与其他箭毒蛙不同的是，钴蓝箭毒蛙没有任何色彩变异的个体，是一个很单纯的种类。

▶ 草莓箭毒蛙的毒素毒性比其他箭毒蛙物种要弱一些，其分布于哥斯达黎加。它们的体形非常小，最小的不到20毫米。

草莓箭毒蛙的毒素毒性比其他箭毒蛙物种要弱一些。它们的体形非常小，最小的不到20毫米，分布于哥斯达黎加。草莓箭毒蛙虽是一个物种，但有很多变异品种，其下有超过30个不同的颜色形态。除了颜色不同外，不同形态的个体在栖息地、体形、发声及亲代照顾行为上均有所不同。草莓箭毒蛙鲜艳的警戒色表明它们的皮肤上有不同的毒素。这些毒素令它们有难闻的气味，以此来驱赶掠食者。草莓箭毒蛙的毒素不足以严重伤害人类，但是毒素会使皮肤伤口肿胀并有燃烧炙热的感觉。

红带箭毒蛙分布于哥伦比亚海拔 850～1200 米的山区森林中，是当地特有种。它们体长 25～35 毫米，体色红黑相间，有特有的"白指甲"。三种颜色的杂糅使得红带箭毒蛙异常鲜艳绚丽。由于其栖息地被破坏，这种箭毒蛙目前处于极危状态。这种日行性箭毒蛙以小型无脊椎动物为食。在繁殖期，雄性个体不但会有明显用于求偶的叫声，还会相互占领地盘，并利用叫声驱赶"竞争对手"，建立属于自己的领地，等待和雌性红带箭毒蛙交配。它们进行体外受精，多在低矮的植物叶片间及树洞里的浅水洼中产卵。不同于其他蛙类、蟾蜍类，箭毒蛙每次仅产下 4～20 枚卵，卵的直径为 1～2 毫米。8～16 天后卵孵化成蝌蚪。

当植物叶片间的积水快被蒸发掉时，雄蛙会背负着蝌蚪把它们转移到小水洼中，而幼小的蝌蚪便在这里进行生长变态发育。小蝌蚪们的生长速度不同，食肉且攻击性强，会自相残杀。2～3 个月后，小蝌蚪们渐渐变态为幼蛙，跳出水洼开始奔向新的生活。

迷彩箭毒蛙分布于哥伦比亚至尼加拉瓜南部地区，体长 25～40 毫米，通体黑色并有苔绿色或暗白色斑纹相间。栖息于林床上，有时亦可在树上发现其踪迹。它们以甲虫或壁虱为食，尤其喜好捕食蚂蚁。

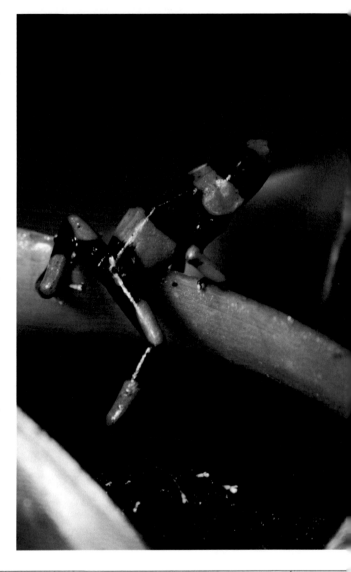

▼ 红带箭毒蛙体色红黑相间，有特有的"白指甲"，异常鲜艳绚丽。

▶ 迷彩箭毒蛙分布于哥伦比亚至尼加拉瓜南部地区，有时亦可在树上发现其踪迹。其体长 25 ～ 40 毫米，通体黑色并有苔绿色或暗白色斑纹相间。它们以甲虫或壁虱为食，尤其喜好捕食蚂蚁。

▶ 迷彩箭毒蛙

　　黄带箭毒蛙生活于海拔 50 ～ 800 米的高湿热雨林地带，常会钻入林床落叶下躲藏，本种为所有箭毒蛙中，唯一在干季有夏眠习性的亚种。它们为卵生，每次的产卵数为 8 ～ 9 枚，孵化期在 18 天以上，经 70 ～ 90 天后变态成亚成体。

◀ 黄带箭毒蛙也是比较大的箭毒蛙种类，主要在地面活动，个性上比较温和活泼，食量很大。人工饲养条件下，本种的活动习性及幼生的生活模式，与迷彩箭毒蛙极为相近，人工环境中可以活 8～10 年。

◀ 黄带箭毒蛙

　　染色箭毒蛙栖息于热带草原区的森林，在离地 1～2 米的树间常可见其踪迹。染色箭毒蛙体长 34～50 毫米，主要以蚂蚁为食，分布于尼加拉瓜南部至哥伦比亚地区，寿命为 8 年左右，在人工适宜的环境中容易繁殖。

▶ 染色箭毒蛙体长34～50毫米，分布于尼加拉瓜南部至哥伦比亚地区，主要以蚂蚁为食。

随着城市化进程的加快、集约化农业的迅速发展，大量工业废水与化学农药引发水体严重污染，使两栖动物栖息生境质量日渐降低，面积日渐减少，众多两栖动物面临严峻的生存危机，或濒临灭绝。地理环境影响了历史进程，如今，历史进程却搅乱了地理环境。

法国作家夏多布里昂（Chateaubriand）痛苦地断言："森林诞生在人类之前，而跟在人类后面的却是荒漠。"森林逐渐缩小甚至消失，这可能就是人类消失的信号，因为人类的命运和热带雨林的关系非常密切。然而森林里每天仍有新的采伐活动，破坏面积越来越大。在人类活动中，这种破坏也直接影响了雨林中两栖动物的生存与发展，最终威胁到整个生物圈和人类自身。对蛙类进行深入的研究，对保护并推动生态建设至关重要。

目前我们生命科学的研究重点，往往集中在人类和少数物种以及模式动物身上，对两栖动物特别是蛙类的研究不够重视，对蛙类的分布现状、生存繁衍、栖息环境以及防御天敌、生态作用的研究还远远不够。相关人员需要进一步组织对两栖纲动物的多种机理进行深入研究、挖掘和保护，推动科学普及，为全人类社会的进步、环境建设、健康事业及科技发展做出新贡献！

第七章　蛙类栖息地环境

1. 湿地

　　湿地通常指自然形成的、常年或季节性积水的地域，也有季节性河流泛滥形成的湿地，如常年积水的牛轭湖湿地。湿地植物群落往往由各类苔草、禾草、灌丛植物组成。湿地生长各种水生植物和苔草、芦苇等沼泽植物；季节积水湿地多为沼泽化草甸和灌丛植物。湿地中栖息着多种水栖及半水栖蛙类，湿地是蛙类的天堂，生活着美洲牛蛙、豹蛙、黑斑蛙、金线蛙、虎纹蛙、泽蛙等蛙类。

　　近50多年来，随着人类活动的增加，特别是各种水利工程建设沿江、河筑堤，使洪水被控制在沿河窄长地带。只有特大洪水才能漫堤进入堤外平原，堤外的泛洪面积逐渐变小，湿地的面积也在不断萎缩，严重影响蛙类的生存。

◀ 密西西比河流域湿地

2. 湖泊

　　湖泊指湖盆及其承纳的水体，是地表相对封闭可蓄水的天然洼池。湖泊生态系统指湖泊水体的生态系统，特点是水流动性小或不流动，底部沉积物较多，水温、溶解氧、二氧化碳、营养盐类等分层现象明显。湖泊生物群落物种丰富多样，水生植物有挺水、漂浮、沉水植物；植物上生活着各种水生昆虫及螺类等；浅水层中生活着多种浮游生物及鱼类；水体的各部分广泛分布各种微生物，构成了一个个完整的生态单元。

　　两栖动物适应陆地生活的同时仍保留着对水中生活的依赖，因此，在有水源的地方如湖泊、池塘、溪流，常常能看到各类两栖动物的身影。湖泊也为光滑爪蟾、小丑蛙等纯水栖蛙类提供了栖息环境，多数蛙类从卵到蝌蚪到幼蛙的变态发育过程也是在湖泊中度过的，直到幼蛙上岸（部分树蛙除外）。

▼ 特里格拉夫湖泊

3. 雨林

雨林分为热带雨林和温带雨林，是雨量甚多的生物区系。热带雨林大多靠近赤道，低纬度的非洲、亚洲和南美洲分布着面积广大的雨林。丰沛的降水和常年湿暖的气候保证了树木、灌木等植物的快速生长。繁茂的植被也为雨林中的成千上万种生物提供了食物和庇护所。

雨林有丰富多样的物种，有全球最古老的植物群落。在生物进化过程中，雨林成为地球上繁衍物种最多、保护时间最长的场所，成为多种动物的栖息地，成为多类植物和微生物的生长地，也是地球上生物繁衍最为活跃的区域。

全球超过三分之二的植物物种在热带雨林被发现。热带雨林作用巨大，不仅为多种动物（包括两栖动物蛙类）提供庇护和大量食物，还维持了正常降雨，在调节全球气候方面也起着重要的作用。雨林缓解了洪涝、干旱和水土流失等自然灾害的发生。它们储存着大量的碳，白天进行的光合作用，为全人类制造出相当数量的氧气。

以箭毒蛙为代表的蛙类活跃在南美洲亚马孙雨林。

◀ 热带雨林

4. 草原

草原是地球生态系统的一种。中国是世界上草原资源最丰富的国家之一，总面积将近 4 亿公顷，占全国土地总面积的 40%，为现有耕地面积的 3 倍。我们从中国的东北到西南画一条斜线，也就是从东北的完达山开始，沿吕梁山，过延安，一直向西南到青藏高原的东麓，可以把中国分为两大地理区：一是位于东南部的丘陵平原区，大部分是农业区，气候温和，降雨丰沛，四季分明；二是地处西北部的山区，也是我国主要的草原区，降雨较少，气候干旱，风沙明显。东北的长白山地区、松嫩草原，内蒙古部分地区如呼伦贝尔草原、西辽河草原均为北方大草原。

草原植物群落众多，植被资源丰富。东北平原中部的松嫩草原，有禾本科草本植物约 97 种，多为披碱草、羊草、碱蒿、角蒿、细叶地榆，以及燕麦草、芨芨草、虎尾草、水稗、星星草和沙地委陵菜等光合效率更高的 C4 植物。它们不但为小动物们提供了食物，还提供了良好的庇护所。

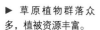

▶ 草原植物群落众多，植被资源丰富。

灌草丛是指以中生或旱中生多年生草本植物为主要建群种，但其中散生灌木的植物群落。它广泛分布于中国温带、亚热带及热带地区。由于部分森林、灌丛被砍伐，引起水土流失，土壤日趋瘠薄，沙化、荒漠化频繁发生。

草原孕育着各种生灵，有丰富多样的动物资源，也是蛙类栖息的重要地区，以花背蟾蜍等为代表的陆栖蛙类长期栖身其中。

5. 荒漠

荒漠通常指干旱区大型的地貌组合，包括岩漠、砾漠、沙漠和泥漠等。我国西北地区，特别是新疆南疆，多是水源极度缺乏的荒漠。荒漠区地表植物种类较少，常见的有骆驼刺、梭梭草等，树木有胡杨林和超旱生的半乔木、半灌木和灌木等，只有这些极度耐旱的植物才能生存。在荒漠恶劣的生态环境中，依然有两栖动物蛙类栖息，长期的进化，使它们在水资源极度匮乏的干旱环境中也能生存，如中亚侧褶蛙、阿勒泰林蛙、塔里木蟾蜍、帕米尔蟾蜍及花背蟾蜍等。

◀ 古尔班通古特沙漠

6. 稻田

　　农田生物群落属于农田生态系统，而稻田也是其中重要的一部分。稻田里除了农作物之外，还有很多昆虫如蝗虫、飞蛾等，其他无脊椎动物如水蛭，吸虫，各种螺、虾、蟹等，鱼类有黄鳝、泥鳅等。稻田为两栖动物包括各种蛙类提供了丰富的食物来源和栖息场所。

▲　广西稻田

7. 城市

　　城市是大型的、集中的人类聚居地，世界上一半以上的人口居住在城市。城市里的蛙类，凭借着顽强的生命力和适应性，在大厦林立、车流交织、街区分割的空间里繁衍生息，顽强生存。蛙类在取食蚊虫、水体幼虫的同时，其本身也是蛇类、鸟类、鱼类等其他动物的猎物，它们是城市生态的组成部分。城市中的大蟾蜍、黑眶蟾蜍、沼水蛙等会在夜间活动。

　　对水的需求让蛙类能在城市有限的水体里生存，如公园湖泊、池塘小溪、天然洼地甚至排水沟等。但同时，对陆地和水域的双重依赖，也让它们的生存面临更多的威胁——农药、车辆、水污染等。蛙类对栖息环境的变化最为敏感，对它们进行动态调查和实时监测，有助于我们直观地了解城市生态系统状况，提高城市人口的健康水平。

▲ 城市中的树蛙

后　记

本书用浅显易懂的语言、精美生动的图片为读者展示了一幅幅丰富多彩的蛙类世界的神奇画面，是一本融科学性、知识性、趣味性于一体的科学普及读物。

本书主要用图片和文字来描述自然世界中各种奇特的蛙类和它们的栖息地。书中提供了不同栖息地、不同种类代表性蛙类的翔实资料，从蛙的外观特点、捕食方式、分布区域、繁殖方式、保护等级等角度，详细介绍了蛙的特性。

本书采用灵活的编排方式，将深奥的两栖动物科学知识简明化、趣味化，使读者更容易了解两栖动物蛙类的知识。

特别感谢四川师范大学侯勉，北京动物园乔轶伦，海南师范大学汪继超、翟晓飞，科普平台"美丽科学"缪靖翎，海南大学吕亚奎等人在素材拍摄及搜集过程中提供的大力帮助以及海南热带野生动植物园的支持。

本出版物相关工作由浙江省省院合作林业科技项目（2023SY09）、中央级公益性科研院所基本科研业务费专项（CAFYBB2022SY003）和"南海系列"育才计划南海名家青年项目（20202075）共同资助。

人与自然是一个永恒的话题。我们惊讶地看到，近百年来，很多蛙类物种已濒临消亡，濒危物种正在不断增加，严重威胁地球的生态平衡和全人类的可持续发展。蛙在自然生态中扮演着非常重要的角色，作为自然界生态位中的一环，对生态安全也有着指示作用。如今，生态文明建设是我国的一项基本国策和重要任务，人与自然和谐共生被大力倡导，爱护自然，保护我们的环境，维护生态安全，做到可持续发展是本书著者最大的愿望！

彭霄鹏